The Nature of Oaks

橡树的一年

北美本土物种的自然观察

〔美〕道格拉斯·塔拉米（Douglas Tallamy）◎著

宋以刚◎译

商务印书馆
The Commercial Press
创于1897

The
Nature
O*of*aks

THE NATURE OF OAKS

The Rich Ecology of Our Most Essential Native Trees

By Douglas W. Tallamy

作者简介

道格拉斯·塔拉米，特拉华大学昆虫学和野生动物生态学系教授，研究的主要方向是了解昆虫与植物的相互作用，以及这种相互作用如何决定物种群落的多样性。出版有畅销书《自然最好的希望》（*Nature's Best Hope*），作品《带自然回家：原生植物如何在我们的花园中维持野生动物》（*Bringing Nature Home: How You Can Sustain Wildlife with Native Plants*）于2008年被花园作家协会授予银奖。

译者简介

宋以刚，民盟盟员，博士毕业于瑞士弗里堡大学，上海辰山植物园植物系统与进化研究组负责人、副研究员，主要从事植物系统学、生物地理学、保护生物学和种子生理生态学等研究。目前，主要以壳斗科、胡桃科和安息香科为研究对象开展工作。主持国家自然科学基金和国家林草局等科研项目8项，发表科研论文60余篇。

目录
CONTENTS

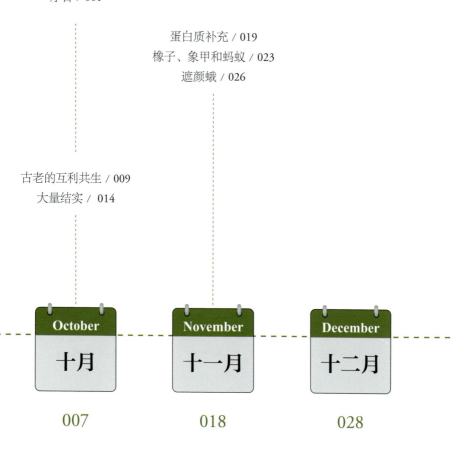

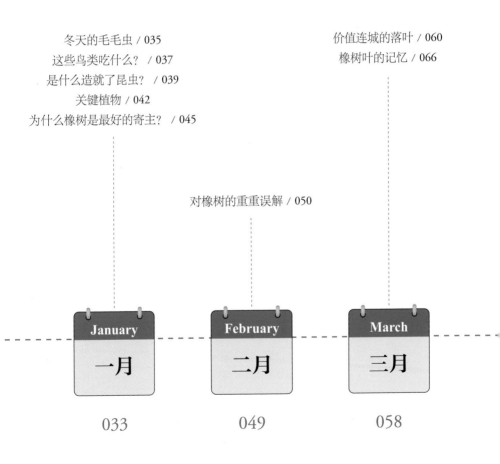

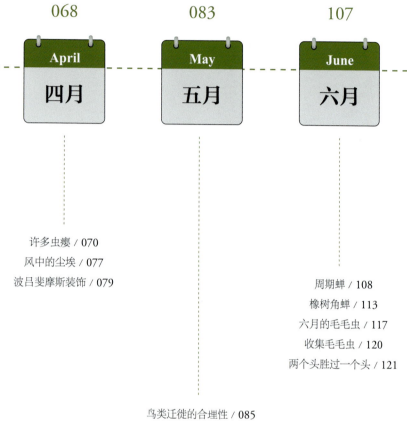

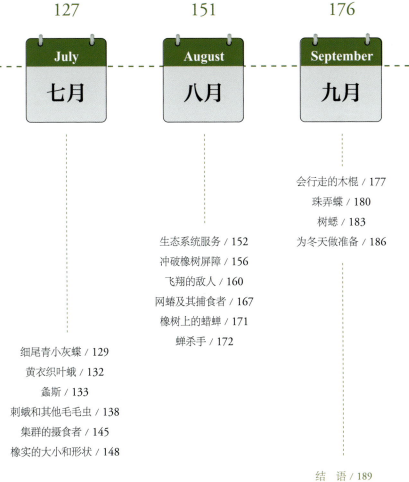

序　言

　　2000年7月15日，辛迪（Cindy）和我搬迁到我们位于美国宾夕法尼亚州东南部新建的房子里。由于这一天是我儿子的生日，所以我清晰地记得这个搬家的日子。这一年他的生日礼物就是帮助我们把家具从租赁的小型货车上搬到我们的新房子里。在忙碌的往来穿梭过程中，有一次经过门前的时候，一只胡蜂在我儿子的后脑勺上面叮了一下。蜂巢就位于墙柱上方的角落，里边的居住者给了我儿子一个痛苦的提醒：他是塔拉米家最高的人。

　　我们的宅基地占地10英亩，在我们买下它之前，这块区域已经连续几十年被用来收割牧草了。整片区域在过去是用来放牛的，树木非常稀少，仅仅在上方的角落有三棵碧根果树，还有几棵野黑樱桃、两棵美国绒毛栎和一棵黑胡桃沿着老栅栏零星分布。我迫切地想种更多的树，所以那年秋天我收集了大量的美国白栎的橡子（栎树果实的俗称），并在一个小花盆里种下了一颗。我不记得自己是在哪里找到这些橡子的，但它们可能来自一棵生长在辛迪和我慢跑或散步路线拐弯处的巨大的美国白栎；当我们有兴致时，会经常在这条路上运动。我们搬迁到这里后的每年秋天，都会从那棵树下收集成袋的橡子，主要是因为我们无法忍受看到它们被汽车碾轧或被房主堆到一旁。

橡子掉落到地上以后会迅速萌发，这能够让小苗在第一次霜冻来临之前将其主根深深地扎入土壤中。接下来，它们会进入休眠状态以确保安全度过寒冬。当第二年春天来临时，它们的胚芽才开始生长，并且长出第一对绿色的真叶。它们的地上部分在刚刚长出真叶的这一年生长缓慢；仅仅长出几个叶片，幼苗也只有几厘米高。美国榆或悬铃木在它们生长的第一年就能超过60厘米，与它们相比橡树（栎属植物的俗称）的生长就是蜗牛般的速度。这也许可以解释为什么人们普遍认为橡树生长缓慢。

但是橡树地下部分与地上部分的生长速率是完全不同的。最初长出来的那些叶片通过光合作用从太阳光里吸收的所有能量都被用在了根的生长上。实际上，一棵橡树幼苗通过第一年的生长之后，其地下部分（根）的总量可能是地上部分（茎和叶）的10倍之多。

橡树成长过程中会逐渐形成巨大的根系，这有助于它们在土壤稳定、碳封存和流域管理方面做出巨大贡献。威廉·布莱恩特·洛根讲述了关于一群斯堪的纳维亚人对测量夏栎（*Quercus robur*）根系生长范围产生浓厚兴趣的故事（William Bryant Logan 2005）。自从英国的不同国王保护这些夏栎的树林作为自己的私人狩猎场开始，夏栎就通常被称为英国橡树或者国王的橡树。这群斯堪的纳维亚人不是通过什么高科技来测量根系的生长范围，而是简单地将表层的泥土清理掉看看这些夏栎的根系能够从这棵树主干向外延伸多远。他们经过几天的挖掘，发现暴露出来的根系是这棵橡树冠幅的3倍，接下来他们放弃了继续挖掘并且相信这些橡树的根会永远延续下去。我敢肯定他们不是真正地相信橡树的根系会无限延伸下去，但毫无疑问的是斯堪的纳维亚人的努力打破了橡树根只延伸到树冠周围的神话。

我把美国白栎的橡子种到了花盆里，因为如果我把它们直接种到地里的话，至少百分之九十九的橡子在冬天会被田鼠或者白足鼠吃掉。即使将橡子种到花盆里，设法让老鼠远离它们也是一项挑战；但是不管怎样，我把它们保护得很好，并且在第二年的六月份把这些小小的橡树苗种到了地里。橡树苗是白尾鹿最喜欢啃食的一种植物，所以第一年的时候我用一个小铁丝笼网住橡树苗，然后将小铁丝笼升级为一个1.5米高的镀锌铁丝围网以确保我的橡树在接下来的四年里安然无恙。我肯定给移栽的这些橡树浇过一两次水，但是由于偶然的惰怠，我没有给这些小家伙施过肥。尽管当时我并不知道大多数北美的树木不需要高氮肥（事实上也不耐受高氮肥）。它们最适合在最后一次冰川作用后留下的营养匮乏的土壤中生长。对于美国白栎这个物种来说确实如此，它们能够在贫瘠的浅层土壤上茁壮成长。

18年过去了，那棵当年我种下的小苗已经拥有着约14米的身高、1.2米的胸围和9米宽的树冠。尽管这个生长速度已经非常惊人，但是我的橡树仍然是个"儿童"。一般来说，橡树（栎属白栎组、红栎组和峡谷栎组的物种）是长寿的树种，如果它们的根可以自由生长，不受下水道、道路、地下室、停车场或其他一些人为因素的约束，这些树种能够非常容易地存活几百年。一棵橡树在它漫长、令人钦佩的生命周期中可以孕育出300万颗橡子，并作为生命的基站服务于无数其他生命，包括几十种鸟类、啮齿动物、熊、浣熊、负鼠、豹斑蛇、刺蜥、几种蝴蝶、上百种蛾类、瘿蜂和其他捕食蜂类以及寄生蜂、象甲、大量的蜘蛛，还有几十种依赖橡树落叶获取营养和保护的节肢动物、软体动物和环节动物。

　　不幸的是，与橡树相关的生物多样性网络没有被注意到；因此，它们被大多数房主（甚至还有许多训练有素的生物学家）所忽视。事实上，有太多的房主因为厌倦了用耙子清理树叶而砍倒了他们拥有的橡树。我们怎么可能对我们一无所知的事情感兴趣或者理解它们的生态意义呢？这种漠不关心的原因是缺乏这些知识所导致的。我们对自然的无视成了如今的一种文化惯例。我们的注意力已经被数字时代侵占，我们每天的空闲时间都被我们的个人设备或平板电视消耗掉了。我们学校的课程并不能填补这一空白，并且大多数作业都有数字化的成分，这并不能教会我们那些生活在我们周围的生命的知识。如今，我会遇到一些聪明的成年人，他们在各个层次的教育中都很优秀并且是社会中的成功人士，但是他们甚至连一片橡树叶都认不出来，更不用说告诉我与橡树相关的食物网或者橡树通过多种方式为我们提供生态系统服务。更糟糕的是，他们没有意识到如此简单的自然知识的重要性。

　　这就是我决定写这本书的原因。我的想法很简单：如果你的院子里没有一棵或几棵橡树来点缀地球上的这一小片土地，你的院子里就不会有很多事情发生。除非有人告诉你这些，要不然你永远不会知道发生了这些事情。类似的书也可以去写松树、樱桃、榆树或桦树。实际上，每一个木本植物属都有其独特而迷人的故事，但这些故事不会像橡树那样令人印象深刻。在北美，与其他树种相比，橡树支撑着更多的生命形式并且拥有更迷人的相互作用。所有这些生命不会同时出现，也不会一整年都陪伴着你的橡树。事实上，有些物种只是非常短暂地拜访你的橡树，以至于你需要在它们来的那一天在那里等待。如果你愿意的话，为了充分了解一棵橡树能给你的院子和你的生活带来什么，我们需要在一年四季中逐月跟踪在你的橡树上都发生了些什么事情。

　　这就是我如何组织这本书的：按月份提示你院子里的橡树与大自然关联的许多内容。尽管这本书我是从十月（一个好的月份）开始的，但并不是因为这个月是对橡树观察最有意义的，而是当我决定写这本书的时候正好是十月。

The
Nature
of
Oaks

October

十月

当我们的土地不再种植和收割牧草时，三种原本保持在较低生长水平的来自亚洲的入侵植物野蔷薇（*Rosa multiflora*）、牛奶子（*Elaeagnus umbellata*）和金银花（*Lonicera japonica*）就会爆炸式生长，并在短期内占据整块土地。这些植物不足以支持我们希望吸引到新家来的一些野生动物，所以在塔拉米家的一个典型周末活动就是用锄头把野蔷薇丛挖出来。这是一项令人满意的工作，尤其是当我们把被砍倒的"尸体"堆成一大堆的时候；但在我们移走灌丛后确实留下了一片空地。第二年春天，我们既兴奋又困惑，发现美国白栎和水青冈的幼苗突然出现在这些受干扰的地区。困惑是因为我怎么也想不明白它们是怎么到那儿的。我们的院子里没有美国白栎或山毛榉，即使松鼠可以把种子带到很远的地方，但附近也没有这两个树种的成年植株。我知道橡子和水青冈的坚果不像许多其他植物的种子，可以在土壤中保持活性超过一年，所以它们不可能是从多年前的土壤种子库中萌发出来的。我被难住了！

古老的互利共生

我喜欢这样的生态谜题，每当我在大厅里走来走去但又不知道为什么这样做的时候，我总是把这样的行为归咎于这个生态谜题。我的心思飘到别处去了。幸运的是，我没有被橡树幼苗如何出现在我的院子里这个问题困惑太久。不久前，一本摄影杂志上的一张冠蓝鸦嘴里叼着一颗橡子飞行的照片为我解开了这个谜题。我快速查阅了一下文献，发现我确实无意中找到了答案：冠蓝鸦把橡子和山毛榉坚果带到我们的院子里，在土壤被扰动到足以使地下种子易于播种的地方种下它们。虽然冠蓝鸦是美国东部大部分地区唯一的松鸦[1]，但北美有8种，全世界有40多种。它们都有一个共同的祖先，大约6000万年前与橡树[2]一起从东南亚地区开始演化。橡树和松鸦被认为从它们的祖先开始就存在着互利共生的关系：橡树能结出富含营养的种子，并且它们的大小和形状正适合松鸦取食；然而，当松鸦试图长期储存这些种子的时候，它们就成了橡子的最佳传播者。千万年来，松鸦变得如此依赖橡树的果实，以至于它们在身体上和行为上都适

---

[1] 冠蓝鸦又名蓝松鸦，它属于冠蓝鸦属而非松鸦属，因与松鸦属亲缘关系较其他鸦科鸟类近，所以也可称冠蓝鸦为新北界松鸦。因为其英文俗名为blue jay，所以这里jay，即松鸦，统称它及其近缘鸟类。

[2] 这里同松鸦一样也是泛指，指栎属及其近缘物种。

应了橡子的特征。松鸦属喙尖上的小钩可以用来撕开橡子的外壳（果皮），松鸦属扩张的食道（喉囊）使它在飞行时能一次携带五个橡子之多。

　　一只松鸦一次可以携带多个橡子，但这并不意味着它会把所有橡子都带到同一个地方（Bossema 1979）。许多鸟类喜欢把一些种子藏在一个地方以备干旱或寒冷时食用。然而，松鸦却是个例外，它们喜欢把单个种子分散地埋在它们冬季过冬领地的各个地方。这些地方与结橡子的栎树的距离可能超过1.6公里，这使得松鸦成为橡子传播者中无可争议的冠军。离我们家不到1.6公里的地方有许多高大的美国白栎和水青冈，所以，这也解释了冠蓝鸦在哪里找到的橡子，并把橡子带到我的院子里。当然，最理想的是每只冠蓝鸦都会记住所有埋橡子的地方，然后知道在冬天需要的时候去哪里取回这些种子作为食物。但显然，即使大多数冠蓝鸦能做到，这也更像是一种智力上的挑战。每年秋天，一只冠蓝鸦可以收集并埋藏4500颗橡子；但是在春天来临之前，它通常只记得其中四分之一的橡子埋在哪里。没有人会因为这件事去责怪它们。如果一只库氏鹰在十二月成功吃掉了一只冠蓝鸦，那这只冠蓝鸦储存的所有种子将被留存在原地。最终的结果就是，每只冠蓝鸦在它7到17年的生命周期中，每年都会在附近的某个地方种植3360棵橡树！松鸦能使橡树比其他树种在地球上移动得更快，这就不足为奇了。

　　将橡子搬离母树最大的好处就是橡子获得了巨大的生态

冠蓝鸦通常把需要在冬天储存的橡子搬到离母体橡树超过1.6公里远的地方。

利益，在不用与母体竞争的环境下，橡子发芽后肯定会获得更加充足的阳光、营养和水分。但是，除了种子传播的明显优势之外，橡树还可以从与松鸦的关系中获得另一个重要的好处。跟所有的生物体一样，橡树在漫长的生命周期中总是不得不与病虫害做斗争。然而，近几十年来，橡树受到了来自其他大陆的新疾病的侵袭。橡树猝死病和橡树枯萎病是对美国几个地区橡树林造成严重冲击的两种病害。可是，在自然景观和设计景观中，都会有一小部分橡树对这两种疾病表现出了一定程度的抵抗力。当疾病侵袭一个地区时，具有抗性的橡树能产出最多最好的橡子，而松鸦则优先传播那些带有抗性基因的种子。虽然许多橡树很快死于外来的疾病，但那些幸存下来的橡树种子则通过松鸦传播到整个乡村，确保橡树的后代能够更好地抵御疾病的感染。这就是最好的自然选择，这只有在橡树和松鸦的伙伴关系蓬勃发展时才会起作用。我在前院用橡子种的美国白栎去年结了第一批橡子，所以现在松鸦和橡树之间古老的协同进化关系可以在我的院子里上演了。

当然，松鸦并不是唯一喜欢橡子的鸟类。橡子是火鸡、刘氏啄木鸟和许多鸭类（尤其是美丽的林鸳鸯）冬季食物的重要组成部分。另外，这些橡子还时不时被成群的美洲凤头山雀、山齿鹑、红腹啄木鸟、普通扑动䴕、棕胁唧鹀、短嘴鸦和白胸䴓所取食。在大多数情况下，这些鸟类一找到橡子就会吃掉它们；但是有一个明显的例外就是生活在西部橡树林地里边的橡树啄木鸟。橡树啄木鸟是一种特别的啄木鸟，它们把数百颗橡子储存于它们在枯树上凿出的一个个孔洞里以备冬季食用。它们是一种小规模集群的物种，年复一年地使用同一棵橡树储存橡子。橡树啄木鸟们可以在一棵枯树上凿出5万个洞来准备在每年秋天接收橡子。如果你住在西部，并且足够幸运地在你房子附近有一棵存储橡子的树，你就可以取消你在网飞公司的订阅了，看着橡树啄木鸟在你的树上工作就已经足够娱乐你了。

依靠橡子作为冬季食物的哺乳动物也有很多。我们都知道灰松鼠爱吃橡子；另外，红松鼠、鼯鼠、花栗鼠、兔子、

与美国东部的冠蓝鸦不同，在美国西部各个州，
极其美丽的橡树啄木鸟把橡子储存在剥掉橡树树皮以后的小树洞里。

美洲黑熊、白尾鹿（晚秋时，橡子在白尾鹿食物中的占比为
75%）、北美负鼠、浣熊、白足鼠和田鼠也同样爱吃橡子。
这并不足以为奇！橡子里含有大量的蛋白质、碳水化合物和
脂肪，以及钙、磷、钾和烟酸。如果不是因为不同种类的栎
属植物结出的橡子为上述动物提供充足的食物，当美洲栗由
于亚洲传来的栗疫病在美洲东部森林消失时，这些动物可能
会遭受毁灭性的打击。

大量结实

　　说到橡子，你有没有注意到橡树每隔一段时间就会结出大量的橡子？并且通常不只是这里或者那里的一棵橡树，而是整个地区几乎所有的橡树都能在同一年结出大量的橡子。一个典型的例子就是：2019年的秋天，从佐治亚州到马萨诸塞州的栎属红栎组植物同时结出了大量的橡子。这种现象被称作大量结实；几个世纪以来，人们一直在苦苦寻找这个现象的原因。在我攻读研究生学位的时候，被教导说：大量结实是橡子对抗被取食的一种适应性策略。橡子对许多类型的动物来说都是非常宝贵的食物来源。如果橡树每年都能产出适量的橡子，松鼠、鹿、老鼠、松鸦、鸭类、棕胁唧鹀以及其他所有依赖橡子过冬的动物们都会增加它们的种群规模来适配这些可获取的食物供应。这对橡树来说可不是什么好消息，因为每年都会有大量吃橡子的动物最终摧毁几乎所有的橡子，导致橡树的繁殖成功率大幅下降。但是，如果橡树意外地同时结出大量的橡子，这些橡子远多于取食者对它们的需求——也就是说，如果橡树出现了大量结实的现象——一些橡子就会逃脱取食者对橡子的取食并发芽。

　　不管橡树大量结实是由于适应性进化还是仅仅由于其他原因导致的一个幸运的结果（Koenig and Knops 2005），它还有第二个优势。在大量结实的年份里，橡子取食者有无限的食物。这就消除了限制种群增长的一个最重要因素，因此，与其他年份相比，鸟类、松鼠、老鼠、鹿等动物通常在橡树大量结实的年份生下更多的后代。不幸的是，丰收年之后的一年通常（但并不总是）是橡子结实量比较萧条的一年，甚至低于大多数非丰年。对于这些饥肠辘辘、依靠橡子过冬的新生命来说，它们中的大部分会因食物匮乏而死亡。这种盛衰交替的橡子结实方法有助于将橡子取食者的数量维持在让橡树的繁殖在大多数年份不会受到影响的水平以下。

橡树大量结实的第二种解释与赢得同橡子取食者的竞争没有关系。有证据表明，大量结实可逐步演变为提高授粉效率。栎属植物特定分类谱系下的物种可能会同时增加它们的繁殖投资，以最大限度地提高授粉效率（Pearse et al. 2016）。在大多数情况下，橡树是风媒传粉的；而毫无疑问，风媒传粉的植物是受多变的风的恩惠。简单的概率统计告诉我们：当橡树的雌花成熟和开放时，如果周围有更多的花粉，授粉成功率就会增加。因此，在某些年份同步释放花粉，会导致许多成功的授粉和橡子的丰收。为什么橡树不能一直在同一时间释放花粉呢？这时可别忘了那些取食者；如果大量结实是可以预测的，橡子取食者将会通过提高它们的繁殖效率来做出响应。但是，即使橡树尝试每年同时释放花粉，不同橡树花粉产生以及与雌花成熟的同步性的窗口期也非常短。如果碰巧在雌花准备接受雄性花粉粒的时候下雨或天气异常寒冷，许多雌花就不会受精，橡子产量将会很低

（Kelly and Sork 2002）。

此外，还有解释橡树大量结实的第三种假说：能量分配假说（Ostfeld et al. 1996）。在大多数年份，没有足够的资源（水、养分和阳光）来同时满足橡树生长和产生大量橡子的能量。橡树的开花和结实需要大量的能量，所以在大量结实的年份，橡树的生长就会变慢。如果在事后认真检查橡树的年轮，你就会发现这一现象非常明显。因此，能量分配假说暗示着有些年份橡树将可利用的能量用于生长，有些年份把它们用于繁殖。

显然，就像许多生态学的解释一样，这三种假说并不相互排斥。橡树可以同时采用这三个方面的选择优势，以分配有限的资源、赢得同橡子取食者的竞争和提高授粉效率。当你的橡树下次大量结实时，你会看到野生动物围绕这些橡树开展的行为活动，这时你可以自己决定选用哪种解释最合理。

不论是为了分配有限的资源，还是为了赢得与橡子取食者的竞争，抑或是为了提高传粉效率，像北美白栎这样的橡树每隔一段时间就会大量结实。

The Nature Oaks

November

十一月

　　每年秋天，橡子成熟以后会从树上掉落下来，给当地的野生动物创造了一种"趁你能够取食就赶紧去吃"的疯狂盛宴。如果出于某种原因，你始终有一种想与松鼠、松鸦、花栗鼠和其他动物争夺几把橡子的冲动，那就抓几把放到一个塑料袋里。一两天后再来观察这个塑料袋，你很可能会发现有小的、奶油色的、没有腿的昆虫幼虫聚集在袋子的底部。打开袋子仔细检查你将会发现很大一部分橡子上有一个小小的洞。这时，你的好奇心会驱使你像夏洛克·福尔摩斯那样正确地推断出这些幼虫是通过挖地道的方式从那些橡子的小洞里钻出来的。如果你接下来把幼虫放在一些松散的泥土上，你可以看到它们会在不到一分钟的时间里扭动到表层以下并且消失在我们的视线中。

蛋白质补充

　　你所目睹的象甲是利用橡树的动物中数量极多、也最容易被忽视的类群之一。你看到的象甲可能是22个象甲属（*Curchlio*）中的任意一种。象甲，隶属于象甲科（Curculionidae），是一类非常有趣的昆虫。象甲科在全球有83000多个种，是全球最大的动物类群。你可能认为，既然有这么多种象虫，我们每天都会遇到它们吧。然而，事实并不是我们想象的那样。由于以下两个原因，我们现实中很少见到它们：（1）大部分的成年象甲是夜间出来活动的；（2）大部分象甲的幼虫是生存在表面以下的，比如它们会在橡子、栗子或山核桃的种子里边度过它们的整个幼虫发育期，又或者挖掘隧道深入到植物地下的根当中。如果你遇到一只成年象甲，你一定不会把它误认为成其他类群：因为象甲有着一个巨大的鼻子！它的鼻子比自己的身体还要长。事实上，象甲根本就没有鼻子；看起来像鼻子的结构其实是它头壳的一个细长的延伸。带着微小的颚的象甲的嘴就位于这个延伸部分的最前端。

这一适应性进化可能促使象甲成为世界上物种最丰富的类群。古怪的延伸头壳这一性状的创新性进化为象甲提供了一个其他甲虫没有的独特钻孔工具；实际上，它能够让未成年的象甲在远离捕食者和寄生蜂的情况下获得食物。象甲是这样利用橡子的：通常在七月中旬，雌性象甲就开始准备产卵了，她会找到一颗正在发育的橡子，用她的"鼻子"钻出一条通往种子中心的小隧道。小隧道打通以后，雌性象甲会转过身来在洞口产一枚卵，然后用她的粪便把洞口堵住。当卵孵化以后，幼虫会向下蠕动到小隧道的尽头；在接下来的两个月，它将在橡子的内部依靠取食种子的养分生长。一旦橡子从树上掉下来，象甲幼虫就得跟时间赛跑；要不然象甲在某些年份里，象甲会在一棵橡树三成以上的橡果中产卵。

的短暂生命会随着橡子被取食而终结，因此，它必须在这之前离开橡子并进入一个相对安全的地下洞穴。如果一个带有象甲幼虫的橡子被取食者吃掉，这对于象甲来说是一件糟糕的事情；但是对于取食者而言确是一个好消息，因为象甲大大提高了橡子中蛋白质的含量。

　　即使象甲咬出一个洞爬出橡子并掉到地上，它们仍然会面临着来自鼩鼱、老鼠和几十种节肢动物的威胁。这些取食

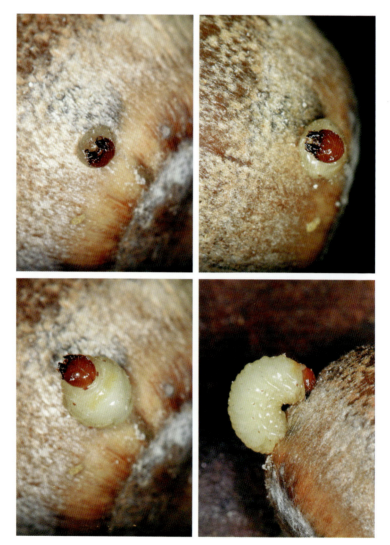

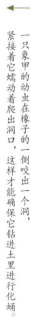

一只象甲的幼虫在橡子的一侧咬出一个洞，紧接着它蠕动着爬出洞口，这样才能确保它钻进土里进行化蛹。

者会认为遇到这个富含蛋白质和脂肪的软球是一件非常幸运的事情。如果象甲幼虫成功地潜入到地下几英寸，它会向上下左右各个方向伸展、扭曲和转动身体，为自己营造一个舒服的地下洞穴。接着，象甲幼虫会蜕变成蛹，并在这个洞穴里蛰伏两年之久。两年的时间一晃而过，象甲的蛹竟然以某种方式感知到了时间的流逝；接下来它就完成了生命中最后一次蜕变，变成为成年象甲。成年象甲这时还可能面临着另外一种危险：人类或者其他外界力量把洞穴上面的土壤压得的非常结实，导致其无法脱离地下的洞穴回到地面。成年象甲回到地面以后会交配并产卵，开始又一个生命的轮回。

橡子、象甲和蚂蚁

　　自然界中没有任何东西是浪费的，包括那个已经被象甲利用过的橡子。被象甲蛀出小洞的橡子，其内部中空，但外壳仍然非常坚硬；这一完美的形态可为切胸蚁属的小型蚂蚁群体提供住所，并且可以舒适地容纳100只左右的小型蚂蚁。然而，对于只有半个米粒大小的蚂蚁来说，如何进入橡子的洞穴却是一个巨大的挑战。这些蚂蚁是幸运的，当象甲离开橡子的时候，在橡子的外壳上为它们留下了合适的洞口。这个洞口不会太小以保证蚂蚁的进出，但又不会大到让蚂蚁捕食者也能轻易进入橡子。

当象甲的幼虫从橡子里边钻出来时，
它们会留下一个大小刚好适合切胸蚁进出的洞，
随后小蚂蚁就把这个橡子变成自己的房子。

　　如果切胸蚁群体找到了一个舒适的、现成的具有防捕食者功能的橡子，它们似乎可以高枕无忧了。但事实并非如此，因为有几个切胸蚁属的蚂蚁是所谓的"造奴蚂蚁"。也就是说，它们突袭并奴役附近其他切胸蚁群体。一旦通过了那扇对掠食者来说太小但对它们自己来说并不算太小的门，奴隶主们就会杀死蚁后，除去工蚁，然后绑架受害者群体的蛹。当这些蛹长大成年后，它们乐意为主人服务，余生都在为"造奴蚂蚁"抚育后代和寻找食物。整个过程从深秋到冬天持续到春天，如果你有足够的耐心和眼力，你就能在你的橡树下看到它们的这些痛苦经历。

成年的超长刺切胸蚁（*Temnothorax longispinosus*）将它们的幼虫移到一个刚刚被遗弃的橡子里。

遮颜蛾

　　与此同时，还有一些其他昆虫也在橡子内发育：遮颜蛾（*Blastobasis* spp.，俗称橡子蛾，目前分类上有分歧）就是在橡子内发育的昆虫之一，尽管它的数量远不如象虫那么多。更准确地说，我所说的遮颜蛾是一类外观非常相似的小蛾；它们是一个复杂的类群，只有通过DNA分析才能分辨出不同的种。遮颜蛾并没有一个像象甲那样可以挖隧道的"鼻子"，无法将自己的幼虫放到橡子里边。因此，它们采用了一种不同的、看起并不那么新颖方法：将虫卵产在正在发育

遮颜蛾类专门利用橡子来培育幼虫。

的橡子表面，刚孵化出来的幼虫可以径直啃食进入到营养丰富的坚果里。从四月到九月，你能够在灯光下看到成年的遮颜蛾。我们可以根据遮颜蛾的确切飞行时间段来推断它们属于哪个种，并且推断出它们的幼虫是在哪种坚果（橡子、栗子或山核桃）上发育的。

The
Nature
of
Oaks

December

十二月

十二月，我家院子里的树木进入落叶期，我的这棵美国白栎以一种非常引人注目的方式从其他落叶树种里脱颖而出：尽管它的叶子已不再是绿色，但是它们仍然牢牢地长在树枝上。更重要的是，它们将保持这种状态并一点点掉落，直到来年的四月。在其他树种的叶子全部掉落得光秃秃的时候，我的这棵橡树的枯叶仍然留在枝上，凋而不落。凋而不落是壳斗科（Fagaceae）植物共有的一种特性，常见于这个科的栎属、水青冈属和栗属植物；但是这一现象也会零星发生其他几个属中，甚至还发生在一些热带树种里边。凋而不落在年轻的橡树上表现得尤为明显，它们通常整个冬天都被秋叶完全覆盖着。

凋而不落是温带树种的奇怪现象，自然界中任何奇怪或不常见的现象对于生态学家来说都是难题。为什么当秋天来临大多数树种会落叶，而有一些树种却保留着树叶？生态学家针对这一问题提出了许多可能的解释，但是这些解释又各不相同，这不足为奇；在这种情况下，所有的解释都很难去验证。还有一件不足为奇的事是，科学中这种程度的不确定性会让很多人感到懊恼。"只要告诉我们为什么橡树不落叶——不要拐弯抹角。"这才是人们期望的答案。有充分的理由说明，我们人类喜欢明确的解释：黑色或白色，而不是灰色；对或错，而不是"看情况而定"。在过去，如果我们看到一只剑齿虎，那些毫不犹豫地将其归类为"危险"动物的人比那些站在一边讨论它是否具有攻击性的人活得更久。但是，不管你喜欢还是不喜欢，大自然是复杂的。更令人沮丧的是，大部分自然现象的出现是由多种因素而不是单一因素导致的，而且许多具有选择性优势的因素可以同时发挥作用。所以，生态学家在设计更大更好的实验来检验他们的假设的同时，也尽其所能来解释自然界。正如威斯康星大学的史蒂夫·卡彭特（Steve Carpenter）曾经说过的："生态学不是火箭科学，生态学比火箭科学要困难得多。"原来如此，真是太对了。

关于凋而不落的一个主要假说是植食性哺乳动物（如鹿、驼鹿和马鹿等）取食木本植物顶芽而导致的适应性进化。目前，这些哺乳动物在大多数地方已经减少到只有一至两个物种；但是在不久以前，仅在北美就至少有12种常见的大型植食性动物，更不用说全球橡树分布范围内的植食性动物的物种数量了。克劳斯·斯文森认为："枯叶不但口感差还缺乏营养，如果把它们保留在营养丰富的芽的周围，动物取食芽的时候不免会啃一嘴的枯叶，从而对芽起到一定的保护作用。"（Claus Svendsen 2001）格里菲思则认为："取食保留枯叶的嫩枝时很容易产生很大的噪声，这些噪声会使它们无法听到敌人靠近的声音，它们因此不愿意冒险取食这些带有枯叶的嫩枝。"（Griffith 2014）凋而不落的叶片在树

年轻橡树的叶子凋而不落；
也就是说，它们在秋天和冬天都留在树上。

上的分布位置都支持这两种假说。

　　凋而不落仅仅是生长位置较低的树枝的一个典型特征，这些树枝对于那些处于饥饿状态的取食者来说是触手可及的。对于这一点你可能会说："我的橡树高达6米多，任何鹿都够不到它的顶部，但是那里依然被凋而不落的树叶所覆盖。"的确如此，但是乳齿象高达3米，用它们的鼻子还可以再伸长3米。猛犸象的个子更高大，通常高达3.6米。大地懒也有3.6米高，它也可以够到比它高几米的地方。对于成年橡树来说，面对如此巨大的取食者，只有上部树枝上的树叶也凋而不落时才是相对安全的。

　　另一种假说认为："凋而不落是有助于树木在营养不良的土壤上生长的一种生态适应。"栎属和水青冈属植物是我们最常见的树叶凋而不落的两个属，在干燥和贫瘠的土壤上，它们往往比其他属的树木更有竞争力。昂斯特等人认为："凋而不落的树叶会在冬天留住更多的雪，在树木生长最快的春天增加树下土壤的水分。"（Angst et al. 2017）此外，凋而不落的植物通过在整个冬天保留它们的叶子来减缓树叶的分解速度；所以当春天树叶落下时，它们会在树下形成一层营养丰富的覆盖物，而这正是它自身所需要的。尽管具有凋而不落特性的树种在被取食的时候受到的伤害更少、可留住更多的雪、在贫瘠的土壤上生长得更快，但是请记住一点：所有的这些假设都不能排除其他假设。

The Nature of Oaks

January

一月

一月寒冷的一天，小雪飘落，我注意到一只小鸟在我家橡树的枝头玩耍。于是，我用望远镜仔细观察了一番，发现那是一只正在仔细检查树枝的金冠戴菊，它不止一次在枝条上找到吃的东西。当时我沉浸在这生态谜题中，没有思考那么多，只觉得它很不可思议。回头翻阅书籍，我的西布利（Sibley）观鸟书告诉我，秋天，一些金冠戴菊会从加拿大的繁殖地迁徙到南方，但它们不像其他鸟类那样迁徙到热带地区。一些戴菊还会在宾夕法尼亚州的房前屋后过冬。所以戴菊出现在这里没什么奇怪的，这是一只本应出现在我院子里过冬的鸟。引起我注意的反而是共享这片冬季栖息地的金冠戴菊、红冠戴菊和美洲旋木雀是完全以虫类为食的。它们的食物是昆虫和蜘蛛，而不是大多数冬季鸟类赖以生存的种子。尤其在冬天，它们每天不只吃一点点昆虫和蜘蛛，而是数百只。这是由于它们的体形娇小，只有约5.6克重，约7.6厘米长，只有山雀体形大小的三分之二，所以它们需要大量的食物来产生足够的热量，来帮它们熬过零摄氏度以下的寒冷夜晚。

去年冬天，我收到一封一位刚毕业的研究生发来的电子邮件，邮件内容是她解剖一只猫头鹰的食丸（最近一顿饭中食物残渣的回吐）。这个食丸是前天晚上一只经常出现在院

整个冬天，金冠戴菊都在吃越冬的毛毛虫。

子里栅栏柱上的横斑林鸮咳出来的。邮件中还附了一张食丸的照片，按照猫头鹰吃过的猎物类型整齐排列。照片中的一边是一堆啮齿动物的小骨头，那是你期待看到的，但另一边是更大一堆毛毛虫遗骸，大部分是无法消化的头壳。这表明一月中旬，马萨诸塞州的这只横斑林鸮一直在吃毛毛虫！

冬天的毛毛虫

　　就像我学生研究的横斑林鸮一样，我一直观察的这只金冠戴菊一定是在一月中旬当温度在-7℃左右的时候，来到我的橡树上找虫子吃的。但是有一些像我这样对昆虫世界有着

40多年研究经验的昆虫学者会告诉你"一月中旬的橡树树枝上没有昆虫"。但是还有一些昆虫学者也会告诉你这是大错特错的。

"冬季光秃秃的树枝上不会有食叶昆虫"是基于逻辑的假设。因为这类昆虫不仅因天气太冷而无法活动，而且从十月到来年四月也没有什么食物供它们食用。但有些昆虫就是如此不符合逻辑！我与小戴菊的相遇让我发现了自然观察的魅力。"活到老，学到老！"——这句老生常谈的话一定是为热爱自然的人创造的，因为现实就是如此。这句话的作者其实还可以补充一句："你学到的越多，你就越意识到需要学习。"在我观察了这只觅食的小戴菊几周后，我看到了贝恩德·海因里希的一项研究（Heinrich and Bell 1995），关于冬季橡树昆虫的真相因此变得显而易见。海因里希是一位不可多得的伟大博物学家，他经常通过观察来解释自然界中我们从未注意到的某些现象。我记不清为什么了，海因里希决定解剖那些冬天在缅因州因撞上窗户而死的金冠戴菊。令他和我都惊讶的是，它们的嗉囊里塞满了毛毛虫——鸟儿们在这个寒冷的冬天里吃到了毛毛虫，结果却撞到窗户上死了！

事实证明，许多种类的蛾类，特别是常见的常丽尺蛾（*Lytrosis unitaria*）这类尺蛾科的蛾子，它们会以毛毛虫的形态过冬。初秋，它们吃寄主树上的绿叶，在叶子变成棕色之前长到三龄或四龄（略多于生长周期的一半）。到冬季，这些毛毛虫停止进食，要么躲在树皮的角落和缝隙里，要么待在小树枝上什么都不做。没错，它们整个冬天都附在树枝上，看起来有点像小树枝！当温度降至冰点以下时，它们依靠甘油，也就是我们用来制造汽车防冻剂的化学物质，来防止细胞破裂。冬天的树枝看起来光秃秃的，实际上是毛毛虫的越冬地，毛毛虫养活了像戴菊和美洲旋木雀这样的食虫鸟类以及鸭、山雀、凤头山雀和几种以取食种子为主昆虫为辅的啄木鸟。我一直以为山雀在冬季完全以谷物类为食，事实上，它们冬季的食物中有50%是昆虫！这对我们鸟类爱好者来说是一个警示：冬天我们仅把喂食器装满葵花子是不足以养活这些常见的鸟类的，我们还必须种植支持蛾类毛毛虫发育阶段的树种。因为这些毛毛虫是那些以虫子为食的鸟类整个冬天赖以生存的食物。正如我们将要看到的那样，在美国的大多数地区，橡树比其他任何一个树种都更合适。

这些鸟类吃什么？

许多人一生都对自然抱有误解。这些都是我们从父母、朋友、迪士尼的动画、马林·帕金斯主持的自然类节目或我们的文化中获得的错误信息造成的。其中一个误解是，如果你想帮助鸟类，你就给它们种子吃。这对一些全年以种子为食的鸟类群体来说是一个很好的行为，比如朱雀类和鸠鸽类。它们仅从种子中就能获得所需的所有脂肪和蛋白质。它们还有一种不同寻常的能力，成鸟可以直接通过食用种子在嗉囊中产生乳状物质并使其"反流"来繁育后代。然而，北美洲的大多数鸣禽主要是食虫动物，尤其在至关重要的繁殖期，它们的食物中只有种子和浆果的话会导致雏鸟无法消化。因此，如果没有现成的昆虫供应，大多数鸟类都将无法繁殖。

另一个误解是，我们不需要担心当地昆虫的供应，因为昆虫无时无处不在。如果这是真的，那么这些昆虫是从哪里来的，它们吃什么？它们是凭空出现的吗？亚里士多德的自然发生理论在我们的流行文化中还存在吗？我希望没有。事实上，每一种昆虫都是由植物直接或间接提供食物的。它们要么吃一些植物组织，要么吃另一种吃植物组织的动物。因此，从逻辑上讲，当我们减少任何地方的植物数量时，我们同样也减少了昆虫的多样性和丰度。来自世界各地令人震惊的头条新闻提醒着我们植物和昆虫之间的关键联系。我们已经砍伐了地球上一半以上的森林；毫无意外的是，自1979年以来，全球昆虫数量下降了至少45%（Dirzo et al. 2014）。同样，昆虫数量的减少也会导致鸟类数量的减少，这一点也不足为奇。现在北美的鸟类比50年前减少了30亿只（Rosenberg et al. 2019），北美有430多种鸟正在迅速减少，且被认为有灭绝的风险（2016年美国鸟类状况报告）。如果我们不把昆虫视为有六条腿的生物，而是把它们视为鸟类、

像大多数美国的鸟类一样，主红雀用昆虫和蜘蛛养育幼鸟。

两栖动物、爬行动物和哺乳动物的食物，我们就可以开始理解昆虫数量减少的生态意义，以及为什么我们必须扭转这个现象。

是什么造就了昆虫？

　　相比之下，许多人确实知道植物是确保昆虫出现的必要条件，但他们错误地认为所有的植物都能服务于相同数量的昆虫。遗憾的是，这是根本不可能的，因为如果真的是这样的话，我们就可以在葡萄牙、印度和哥伦比亚种植桉树来做木材，而不用担心制造出一排排死气沉沉的被我们错误地称为"森林"的树林。我们可以在秘鲁的咖啡农场用长枝松遮阴，而不会让那些需要这类农场作为越冬栖息地的鸟类挨饿。我们也可以将观赏植物转移到世界各地，而不必担心破坏食物网络；当这些植物离开我们的花园，作为入侵物种扩散到自然区域时，就不会有被入侵的地方退化到无法再发挥重要生态作用的威胁了。遗憾的是，我们没有那么幸运。植物对昆虫的支持能力存在巨大差异，它被分为两类：一类是原生植物和非原生植物之间的差异，一类是原生植物本身的差异。

原生植物和非原生植物之间的差异很容易解释。由于植物在叶子上带有难闻的味道或有毒的化学物质，以防止植食性昆虫吃掉它们，所以吃植物的昆虫必须在生理和行为上适应这些来自植物自身的化学防御机制。这对于植食性昆虫来说面临着进化上的巨大挑战，大多数昆虫只能绕过一两种具有共同防御机制的植物谱系的防御。换言之，大多数昆虫已经变得非常擅长吃一小部分植物种类，但吃不了其他大多数植物物种。我们称之为"寄主植物特化"，它描述了近90%的植食性昆虫如何与植物相互作用（Forister et al. 2015）。

如果你想知道科学家是如何得出这个数字的，那就别再想了。文献中的寄主植物记录使我们能够将任何拥有寄主数据的毛毛虫物种分类为"专食性"（specialist）或"广食

性"（generalist）。你如何对毛毛虫进行分类将取决于你对
寄主植物专食性的定义有多严格，这里有一些统计数据可以
帮你决定。北美有12810种蛾类和蝴蝶，但只有6752种有确
认的寄主植物记录。没错，我们仍不知道大约6058种毛毛虫
吃的是哪种植物！在那些有寄主记录的物种中，86%的幼虫
发育与三个科的植物有关。这是自20世纪70年代以来文献中
对专食性的正式定义。你可能认为吃三个不同科的植物不是
很专一，但当你考虑到北美有268个科的植物，它们只吃其
中的1%时，这听起来确实很专一了。此外，67%的已知毛
毛虫物种只吃一个科的植物（或现有植物分科数的0.3%），
49%的物种只吃某个属的植物（即北美2137个植物属中的
0.04%）。即使是我们最常见的物种玉米天蚕蛾（Io moth）
也只吃120个属的植物，仅占北美植物总属数的5.6%！数据
很清楚地表明：几乎所有的毛毛虫只能吃在北美生长的少数
几种植物。

　　尽管有成千上万的例子可以说明，但我们在这里只举一
个例子。千百万年以来，橡剑纹夜蛾（*Acronicta lobeliae*）
已成为啃食橡树的专家，酚类、单宁和木质素是橡树防御机
制的重要特征，它却能够吃掉坚韧的橡树叶，而不受这些物
质的不良影响。这种剑纹夜蛾专攻橡树，却没有花任何进化
上的时间来适应马利筋的强心苷、柳树的水杨酸、马兜铃的
马兜铃酸和黑胡桃中的胡桃酮等防御机制。它们只能在橡树
上成长。因此，如果我把我的橡树换成豆梨、全缘叶栾树、

橡剑纹夜蛾是许多只能在橡树叶上发育的毛毛虫之一。

水杉或其他任何来自亚洲或欧洲的树种，这些树产生的植物化学物质与橡树不同，橡剑纹夜蛾就无法识别它们是哪种植物，如果它被迫以这些树为食，就会面临死亡。如果没有我的橡树，这种可爱的毛茸茸的毛毛虫就会在我的院子里消失。

关键植物

要解释昆虫的繁殖能力为什么在本地植物上存在巨大差异就有点难了。当我说它数量巨大时，我并没有夸张：以北美本土植物为生的毛毛虫数量在每个地方都不一样，从500多种毛毛虫（橡树）到完全没有（香槐属，如香槐）。我们可以通过简单地计算科学家多年来发现的以特定植物为食的毛毛虫种类的数量，来衡量植物承载寄生昆虫的能力。用毛毛虫来估量，是因为蛾类和蝶类的寄主植物数据比其他植食性昆虫群体的数据要完整得多。更重要的是，由植物属支持的毛毛虫数量并不能按属数量的增加形成从少到多的平滑、连续趋势；相反，无论在什么地方，只有少数植物属（约7%）能作为大多数毛毛虫的寄主植物，而另外大多数植物属只能支撑少数毛毛虫。换句话说，鸟类和其他动物食物中所需的昆虫，约75%的昆虫是由少数植物属支撑的。在美国大多数县，橡树、樱树、柳树、桦树、山核桃树、松树和槭树正支撑着大量各种类型的昆虫来维持动物种群。这些属的树是关键植物，因为它们起着与罗马式拱门中的拱顶石（keystone）相同的支撑作用。拱顶石在适当的位置支撑着拱形中其他石头的重量，但如果将拱顶石拿走，拱门就会倒塌。关键植物也是如此，如果你的院子里有一棵橡树、野黑樱桃或北美黑柳，那么至少会有足够的昆虫作为食物供几只鸟繁殖。但是，在一个没有关键植物的院子里，即使有几十个属的本土植物，也远远达不到维持食物网所需的昆虫数量。

　　这就是为什么我前院的橡树不仅仅是一棵普通的树。我所在的宾夕法尼亚州的县，有511种蛾类和蝶类在橡树上生长，比它们最近的竞争对手本地樱属植物多出近100种。没有任何一个其他属的植物能支撑如此多的生命。橡树是北美84%的县最重要的维持生命的树种，几乎每个县都有橡树，我所在的县也是如此。我的橡树和院子里的其他本土树木相比怎么样呢？真的，真的很优秀。我的槭树很厉害，可以支撑295种潜在的毛毛虫，但这远不如我的橡树厉害。我的北美乔松也很厉害，能支撑多达179个物种，但这只是我的橡树的三分之一。

许多其他树种在支撑我院子里的食物网的能力方面，只是我的橡树的影子。我的美洲鹅耳枥（*Carpinus caroliniana*）只能养活77种毛毛虫，北美枫香（*Liquidambar styraciflua*）仅支撑微不足道的35种毛毛虫，其他的树种也差不多如此。不幸的是，对许多受欢迎的本土观赏植物来说，情况更是这样。我的大花四照花（*Cornus florida*）支撑126种毛毛虫，我的加拿大唐棣（*Amelanchier canadensis*）支撑114种毛毛虫，我的加拿大紫荆（*Cercis canadensi*）支撑24种毛毛虫，而我的美国山胡椒（*Lindera benzoin*）则只支撑11种毛毛虫。这并不是说我们不应该种植这些植物，因为有些毛毛虫专门吃这些本地植物，如果这里没有它们作为寄主植物，这些毛毛虫就不会出现在我的院子里。换言之，我们不应该避开高大的橡树。没有橡树的院子只能发挥其维持生命潜力的一小部分。

将橡树与构成园艺贸易支柱的引进植物进行比较，那就更值得注意了。我在紫薇树上只发现了3种毛毛虫，在山茶和榉树上根本没发现有毛毛虫，在豆梨上只找到了1种罕见的毛毛虫！

　　我将用过去三年来我在院子里进行的实际物种统计来结束这一部分。截至目前，我已经记录了923种蛾类（我还没有顾上整理蝶类）。在这923个物种中，811个物种有已知的寄主植物；关于一些物种吃什么，我们后续还有很多需要了解的。在我们有寄主清单的811个物种中，245个物种幼虫的寄主植物选择中包括橡树，27个物种只能在橡树上发育。这些数字可能很低，因为在112个没有寄主记录的物种中，有一些可能是以橡树为食的。我的土地上有59个属的木本植物，栎属植物（即橡树）只是其中的一个属。我认为，橡树只占不到2%的我们木本植物多样性，但至少支撑着30%的蛾类。相比之下，在我迄今为止发现的811种已知偏好的蛾类中，129种（16%）寄主为山核桃，70种（9%）寄主为荚蒾，49种（6%）寄主为唐棣，只有17种（2%）寄主为北美鹅掌楸。这很好地证明，橡树在国家、地区层面，甚至是一个院子的层面上，对生物多样性的贡献都比其他植物更高。

为什么橡树是最好的寄主？

　　数据很清楚地表明：不仅在我居住的地方和密西西比

州东部，在美国大部分地区，橡树比其他属的植物能养活更多的毛毛虫。但这是为什么呢？是什么让橡树如此善于"生产"毛毛虫，为大多数陆地食物网提供食物的？这是一个很好的问题，但没有人给出明确的答案。一些假说提出了可能性的解释（Janzen 1968，1973；Southwood and Kennedy 1983；Condon et al. 2008；Grandez-Rios et al. 2015）。当我们说更多的毛毛虫食用橡树时，我们的意思是这些毛毛虫已经适应了橡树化学防御机制中的许多酚类物质。因此，橡树的任何促进这类适应性的特征都有助于解释为什么现在有这么多物种可以将橡树作为寄主植物。

其中一个特征可能是栎属物种的多少。全世界约有600种橡树，其中90种生长在北美洲，这使栎属成为了北半球最大的属。相比之下，全世界有400种李属（*Prunus*，如樱桃）和350种柳属（*Salix*，如柳树）。毫无疑问它们是大属，但它们的物种仍然比栎属少数百种。在大多数树木中，像槭属（*Acer*，如枫树；160种）、松属（*Pinus*，如松树；111种）和桦木属（*Betula*，如桦树；30到60种）更能代表属的平均大小。

与属的大小高度相关的是属所覆盖的地理面积。分布在全国甚至全世界大面积区域的属，与不广泛分布的属相比，会有更多的机会与更多毛毛虫种类的分布区域重叠，从而使得数百种毛毛虫在很长一段时间内与广泛分布的树种接触，而这是导致毛毛虫利用宿主的进化相互作用的先决条件。栎属分布的地理范围是所有植物属中最大的，它分布在亚洲、欧洲和北美，甚至延伸到中美洲和南美洲北部。

同样的思路，植物的易见性也被认为是宿主利用植物进化的一个因素。大型植物和（或）长时间存在于视野中的植物更容易被蛾类和蝶类（毛毛虫的成虫）接触到，因此与生命周期极短的小型植物相比，它们更有可能与鳞翅目（Lepidoptera）物种建立密切的关系。例如橡树，它在同一个地方生活了数百年，并在这段时间内成长为一个巨大的个体——如果你是一只满载卵的雌蛾，就很容易找到它。相比适应一种总生物量小于一片橡树叶量的、整个生命周期在几周内就结束的弗吉尼亚春美草（*Claytonia virginica*），当地的鳞翅目昆虫更有可能适应橡树的防御机制。

栎属的另一个特征是它的年龄。橡树大约是在6000万年前的东南亚出现，它们在新大陆至少已经存在了3000万年，这为新大陆的昆虫提供了许多适应橡树化学防御机制的机会。然而，对我来说，这并不是一个很有说服力的解释，因为与橡树有关联的毛毛虫种类很多。此外，还有许多其他起源于古代的植物却根本不能支撑许多毛毛虫物种的生存。鹅掌楸属（*Liriodendron*）就是一个经典的例子。北美鹅掌楸（*L. tulipifera*）是该属在北美洲唯一现存的物种，尽管它在白垩纪晚期之前出现，但它只支撑29种毛毛虫，而橡树支撑的毛毛虫有数百种。

最后，植物使用的化学防御类型会影响昆虫适应植物的速度。防御性化学物质分为两类：定量防御和定性防御。定量防御是指对食用者不会立即产生毒性，但通过反复接触会提高有效伤害的化学物质；也就是说，当它们在毛毛虫体内积累得越多时，效果就越好。橡树产生的单宁就是定量防御的一个很好例子。毛毛虫吃了不会被毒死，反而会阻碍其对蛋白质的吸收。这是植物的一个很好的防御措施，因为即使在最好的环境下，植物的叶子只含有很少的蛋白质，而由于单宁的存在，吃叶子的昆虫无法掌控蛋白质的获取。除非毛毛虫已经进化出生理适应能力来对抗单宁的影响，否则毛毛虫吃的橡树叶越多，从这些叶子中吸收的蛋白质就越少。

与定量防御相反，定性防御化学物质具有立竿见影的毒性，通常需要毛毛虫进化出专门的生理适应，例如获得特定的解毒酶，这样摄入这些化合物才不会死亡。例如，强心苷是马利筋中的有毒化合物，黑脉金斑蝶、女王斑蝶和斑蝶属（*Danaus*）的其他成员可以在马利筋上发育，因为它们很久以前就进化出了解毒、储存和排泄强心苷的能力。更重要的是，相比马利筋中的强心苷、樱桃中的氰化物和烟草中的尼古丁等这样的定性防御，昆虫显然更容易适应橡树叶中的单宁这样的定量防御。但同样地，橡树的所有特征——其属下的庞大的物种数量和地理分布范围，它们在生态系统中过高的可见性，以及它们选择更容易让昆虫上当的单宁作为主要的防御手段，都有可能促成大量毛毛虫物种依赖橡树生长和繁殖。

The
Nature
of Oaks

February

二月

对于我院子里的橡树来说，二月可能是一年当中最清净的月份。以下几个方面是导致这一现象的主要原因：

（1）橡树的橡子都已经掉落；（2）大多数躲在树皮和树枝上的毛毛虫已经被吃掉了；（3）许多在天气好时造访橡树的哺乳动物仍然处于冬眠状态；（4）二月通常是一年中树下积雪最深的月份。

然而，当我们待在房子里的时候，春困的感觉油然而生。每天的日出变得更早，而日落变得更晚一点。在温暖的日子里，山雀、凤头山雀和卡罗苇鹪鹩会开始唱春天的歌。同时，种子目录也会出现在我们的邮筒中。所有的这些情景共同触发了我们讨论在庭院里规划新目标的热情；虽然从未完全实现过这些目标，但是我们都乐在其中。我想其他人也会在二月份来做他们的庭院规划，这正是一个解决大家担忧的好时机：橡树到底适不适合作为景观树种应用于庭院美化？

对橡树的重重误解

让许多人对种植橡树犹豫不决的原因是：许多橡树种

类在成年后会长成参天大树。"院子不够大，无法种植这些
巨大的橡树。"这是我印象中好多人告诉我他们不能在院子
里种橡树的主要原因。当然，还有许许多多其他的因素使房
主不想种植橡树，比如：橡树根会抬高人行道和车道，橡子
会让行人滑倒，橡树的落叶需要用耙子归拢，橡树太贵了，
橡树的枝条会掉在房顶或汽车顶。当我听到这些关于种植橡
树的悲观观点时，也只能是一声叹息了。事实上，上面描述
的一些事情可能偶尔会发生；但是如果我们提前做一些规划
并采取一些处理措施的话，上面的大多数情况都是很容易避
免的。

　　首先，让我们从树大小的问题开始说起。如果所有橡树
都能迅速生长到约30米高、树冠延伸至约37米、树干周长达
到约4.6米，那么大家关于为什么不种橡树的抱怨是有效的。
但事实并非如此，大多数橡树即使在长大成年后也比这要
小，而且通常需要几个世纪才能达到最大尺寸。事实上，有
几个橡树物种的个头很小；它们更像是林下灌木，而不是大
型冠层树，这使它们非常适合在小庭院中进行种植。像矮锥
栎（*Quercus prinoides*）、墨西哥蓝栎（*Q. oblongifolia*）和
深裂叶栎（*Q. gambelii*）特别适合在城市环境中种植。不仅
因为它们的大小适中（例如，矮锥栎很少超过3米高），还
因为它们非常适合在干燥、贫瘠的土壤中生长。矮锥栎和深
裂叶栎甚至能忍受城市土壤中常见的高碱性条件。很显然，
选择当地的一些树种是非常重要的；例如，深裂叶栎遍布落

← 像红槲栎这样的深根橡树，即使种植在道路旁边，也不会破坏人行道、车道或道路。

基山脉的中部和南部，墨西哥蓝栎在西南部生长茂盛，矮锥栎在平原州东部广泛分布。北美有90多种橡树，除美国最干旱和最北部地区外，其他地区都适合种植橡树。

　　其次，我们要探讨的第二个问题就是：假如你有一个可以容纳大个头橡树的院子，这棵橡树的根是否会抬高你的车道或人行道？这也是要视情况而定的。如果你选择一个根系较浅的物种，比如柳叶栎（*Q. phellos*），上述情况是有可能发生的；但实际情况是，大部分橡树的根系扎得足够深，不会把坚硬的地面拱起。当然还有一种例外，如果你的院子坐落在较浅的基岩上，即使是蒲公英也会把你的车道抬高（一种玩笑似的夸张说法）。对于大多数院子来说，根系够深的橡树就不会有这个问题，如美国白栎（*Q. alba*）、红槲栎（*Q. rubra*）、舒马栎（*Q. shumardii*）或蓝栎（*Q. douglasii*）。

　　接下来，我想澄清一下第三个干扰大家种橡树的因素：橡树真的很贵吗？我认为你犯了一个经典的错误，当你要买一棵大树的时候，它的价格肯定是很贵的。但是一颗橡子是免费的，一株幼苗也仅仅只需要几美元。我并不建议你为了省钱而放弃即时的满足感。但对许多人来说，少花点钱从小苗开始养一棵橡树，是一个省钱的好办法。我建议从你能找到的最小的橡树开始养它，你最终会得到一棵更健康的树，并且它会在短时间内赶上甚至超过其他大树。当你买一棵胸径超过2.5厘米的"大树"时，如果不对它的根部进行严重修剪，这棵树就无法挪动。如果它是在花盆中生长的，它的根就会紧紧地缠绕在一起，在生长过程中就会出现互相绞伤的现象。健康的根系是确保小龄橡树每年都迅速生长的关键；同时，健康的根系能够抵御严重的干旱和疾病。如果这些根系被修剪到离树干不到2.5厘米的地方，或者被捆成一团，这将会大大缩短树的寿命。大型植物移植在最初几年内的死亡率为50%，如果它们能存活下来，它们就要花费十多年的时间将大部分生长资源用于重建失去的根系。相比之下，年轻的橡树有着庞大的根系，那是植物界最大的根系之一，它们能支持橡树快速生长，健康地度过其生命期。在短短几年内，一棵根系未受干扰的幼树将赶上一棵大得多的移植树或盆栽树，并在尺寸上超过它。更重要的是，它将让你体验、

美国白栎的幼苗将在第一年发育出强大的根系，使其保持数百年的健康。

享受和欣赏它从小苗转变为院子里的大树。

此外，橡树真的会因倒伏或者枝条易断而造成财产损失吗？随着越来越多关于树木在暴风雨中倒下的新闻报道，以及每年更频繁和更强的风暴登陆，很容易得出这样的结论：你院子里的每一棵树都是潜在的导致灾难的因素。事实是，大树有时确实会造成灾难，但我们可以做很多事情来最大限度地减少甚至消除树木对住宅带来的风险。一个显而易见的解决方案是，避免在房子附近种植最终会长得很大的树木。这是符合逻辑的，但结果将是每栋建筑周围都有一个30米宽的无树区。这种做法有严重的负面效应，它会消除树木在夏季提供的降温效果和冬季提供的增温作用。另外，这片没有树木的区域大部分最终可能会变成草坪，这种景观会破坏流域，并严重影响着传粉昆虫和食物网。简而言之，它几乎没有什么生态价值，而且草是最不适合储存碳的植物。幸运的是，我们还有另一种选择：在一个区域种植小树林，而不是像标本一样的单棵树。

现实中，我们总是喜欢把树木单独种植使之呈现为一个独立的景观。因为在没有与其他树木竞争光、水和营养的情况下，孤立生长的树木通常比靠近其他树木生长的树的树形更大，树冠更大，其呈现出的画面更具艺术感。但这种做法会招致我们所祈祷的永远不希望发生的灾难。在美国大多数树木繁茂的地区，树木在森林中生长，而非孤独地生长。森林的每一个成员都比它自己单独生长时要小一点，但也比它独自生长时要稳定得多。在大多数森林中，树木以一定的间距生长，它们的根相互连接，形成一个由大小根组成的连续网络，非常难以连根拔起。当大风来临时，成群的树木可能会失去一两根树枝；或者在飓风或龙卷风的极端大风中，它们的躯干甚至可能会从基部折断几十厘米，但很少会被完全吹翻。这就给我们如何减少院子里树木倒伏风险带来了很大的启发：最简单的方法就是在约2米的中心距离栽种两到三棵树，创造出一个让人看上去像一棵树一样的小树林。以这样的方式种植的树木，它们的根系能够编织出稳定的根系网；这样才能确保这些树木在极端天气下屹立不倒。然而，内有玄机。你必须在这些树还小的时候种植它们，越小越好。只有这样，你种下的树才更有机会在生长的过程中把它们的根连在一起。因此，现在我们有足够的理由支持我们去种植尽可能小的橡树（也可以是其他树种）：其一，相比于从其他地方移植过来的树木，种植的小树的生长速度要快得多，并且将成为更健康的树；其二，它们将有机会与近邻树木的根系连接在一起，减少未来对我们生命和财产的威胁。

像俄勒冈州的异叶铁杉这样的树木，它们通常在自然条件下成集群生长，它们的根互相缠绕，防止被吹倒。

The Nature Oaks

March

三月

　　当三月来临的时候，年轻橡树上大部分凋而未落的叶子和未发育成熟的橡树枝条开始从树上掉落下来。然而，大多数成熟枝条的叶子已经在秋天的时候掉落，并与几年前堆积在橡树下的枯枝落叶融合在一起形成了一个价值连城的有机层（通常被不恰当地称之为"垃圾"）。不容易被发现的是橡树下的生命远多于橡树上的生命。尽管依托在橡树上的生物有数百种，包括蛾类、蝶类、螽斯、竹节虫、树蟋、网蝽、蝉、蜡蝉、角蝉和瘿蜂，以及所有在其生活史上以某种方式利用橡树的哺乳动物和鸟类；但是橡树下堆积的落叶中的小生物的多样性和丰富度同样令人震惊，它们的数量能够轻松地超过数百万。许多年轻的钓鱼爱好者都知道橡树落叶下有大量的蚯蚓；然而，在抓蚯蚓的过程中，他们经常会错过弹尾虫（跳虫）、锥头的原尾虫、双尾虫、铗尾虫、石蛃和步甲，几十种吃枯叶而不是绿叶的蛾类毛毛虫，以及大量的螨虫、蜗牛、蛞蝓、蜈蚣、马陆、球潮虫、线虫、鼠妇和蜘蛛。这些物种共同在落叶层中构成了一个复杂的分解者和捕食者群落。

　　这些生物中有许多都是地球上物种数量最丰富的多细胞生物。例如，在枯枝落叶堆里的节肢动物中，每平方米的跳虫很容易超过10万只（Ponge 1997），原尾虫的数量紧随其后，为每平方米9万只（Krauß and Funke 1999）。从数量上看，螨虫是这些节肢动物中的佼佼者，在1平方米的温带森林落叶中，你可能会发现多达100个不同物种的25万多只螨虫。尽管这些落叶中的节肢动物数量丰富，但在线虫的种群数量面前，它们就显得相形见绌了。1平方米的落叶和土壤腐殖质中可以容纳超过100万条线虫（Platt 1994），这使得它们成为地球上数量最多的动物。

我着重关注依赖橡树枯枝落叶中的动物，可能会让蘑菇猎人感到其他物种被轻视了。对于真菌采集者来说，丰富的橡树腐叶土壤是寻找几十种蘑菇的理想场所已经不是什么秘密了。它们包括乳菇（*Lactarius*）、色彩鲜艳的红菇和牛肝菌，当然还有松露和羊肚菌，它们都能很好地利用橡树根部及其腐烂的枯叶的能量。

价值连城的落叶

实际上，对捕虫者来说，即使栖息在橡树落叶里的物种无处不在，但是我们依然很难用肉眼看到它们。其实，有一个简单的方法可以观察到你脚下落叶层中的一些较大节肢动物：刮去最上面的一层叶子，在那里放一张白纸，一两分钟后，你的纸上会散布着几十只跳虫、比一个句号还小的螨虫以及其他碰巧在它们的活动路径上遇到这张纸的物种。你所

与橡树相比，橡树落叶为更多的多细胞物种提供了住所、营养和水分。

看到的是一个充满活力的分解者群落，或者用土壤生态学家的话来说就是"腐生生物"——这些生物从死去的植物凋落物中获取营养，或者从帮着分解那些动物难以消化的植物纤维素的细菌和真菌那里获取营养。而且在有数千种腐生生物的地方，有数百种腐生生物捕食者保持着这个群落的营养平衡。这些不起眼的动物对更大的生命网做出了重要的贡献，但是大多数人都忽视了它们，也很难将它们的重要性夸大。

植物是唯一能够从太阳中获取能量并将其转化为养分来维持生命的生物。所有植物都需要基本的营养元素，如氮、磷和铁，它们用根从土壤中汲取这些营养物质用于生长和繁殖。特别是氮和磷，在土壤中的存量有限，如果不回补土壤，这些资源便很容易被耗尽。随着植物的生长，营养物质被固定在植物组织里，除非这些物质在植物或组织死亡时被释放出来，否则它们将无法为新的植物生长所利用。分解者的作用即回收植物和动物直接或间接所拥有的营养物质。每年从成年橡树上掉落的70万片叶子的特别之处在于，它们为维持分解者的数量创造了最好的条件。

橡树落叶比大多数其他类型的落叶能更好地被分解者利用有多个原因，其中最重要的是它的持久性。大多数橡树叶子在地面上的腐烂速度非常缓慢，而且每年又有新的落叶补充，所以地面上总是存有大量处于不同腐烂阶段的叶子。以至于在长达三年的时间里，橡树落叶一直能为分解者提供所需的住所、食物和潮湿环境。对于大多数其他落叶树种来说，情况并非如此。如槭树、鹅掌楸、桦树、白杨、黑杨、

拟态枯枝蛾（*Lascoria ambigilis*）是70种以枯叶而非活叶为食的蛾类之一。

北美枫香和山核桃，它们的叶子很薄，一旦从树上掉下来，就会快速地腐烂。树木的叶子腐烂得快，没有落叶的累积，夏天过后就无法形成落叶层。裸露的土壤不仅缺乏支撑分解者的有机物质，水分的快速蒸发也支撑不了分解者群落的需求。这对分解者来说是一个严峻的挑战，因为它们很少能在没有落叶覆盖的土壤上或土壤中长期存活。如果落叶消失了，那么分解者和许多动物食用的真菌和细菌，以及使植物根系能够吸收养分的菌根也会消失。相对而言，橡树的叶子富含木质素和单宁，可以延缓其分解，并且只要有大量橡树落叶的地方，一年四季都能保护其下的土地和各种各样的"居民"。

事实证明，在这个物种入侵盛行的时代，橡树落叶还有另一个非常实用的好处。最近东部落叶林的入侵物种之一是莠竹（*Microstegium vimineum*），这种入侵植物在阳光和阴凉处都生长良好。现在莠竹的覆盖面积激增，确实像"地毯"一样铺展开来，新泽西州、纽约州、宾夕法尼亚州、康涅狄格州、弗吉尼亚州和马里兰州等许许多多的森林里都有它们形成的"地毯"。尽管莠竹非常容易入侵，但在橡树落叶多的地方它们就显得不那么疯狂了。我家土地上唯一没有被莠竹入侵的地方就是橡树林下面的区域。橡树落叶能防御的入侵生物不仅仅是莠竹，还有三种亚洲蚯蚓，它们对从五大湖到大西洋的土壤造成了严重危害。尤其是臭名昭著的远盲蚓属（*Amynthas* spp.）的蚯蚓，它们在土壤中蠕动得极快，看起来像是在跳一样。这些又小又红的蚯蚓对土壤生态系统具有严重的破坏性。它们能很快地剥去枯枝落叶层，留下裸露的、容易被侵蚀的土壤，导致营养物质迅速从土壤中流失。它们还会吃掉土壤中所有的有机物，改变土壤的pH值，甚至会吃掉那些微小的种子。无论在何处，远盲蚓爆炸性增长的种群正在导致那里植物和动物多样性的降低——除了橡树林。因为橡树落叶对亚洲蚯蚓来说太粗糙了，它们很少能穿越地面上有大量橡树落叶的区域。以橡树为主的森林已经在许多地方成为许多春季短命植物（比如延龄草和猪牙花）的最后避难所。

除了抵抗物种入侵并使分解者能够循环利用重要的植物养分外，橡树落叶的持久性还促进了另一个巨大的生态效益：改善了水的渗透。茂密的落叶层是许多橡树林的特征，下雨时它就像海绵一样，而下大雨时则发挥着极大的价值（Sweeney and Blaine 2016）。例如，一场超过5厘米的倾盆大雨（每平方米超过50升）几乎能完全被橡树林的落叶及其产生的有机腐殖质所吸收。落叶和腐殖质并不能无限期地容纳这些水分，但它们确实能将其蓄存足够长的时间，使其渗入地下，补充许多生物赖以生存的地下水。在没有落叶的地区，同样5厘米的暴雨会引发洪水。裸露的土壤不能在同一片区域使水分保有足够长的时间来让其渗透；相反，每次降雨会把土壤冲到其他地方，导致土壤流失和侵蚀，进而堵塞溪流和河流，淤塞大坝。最糟糕的是，那些富含有机物和营养物的表层土被雨水带走了，这些表层土里存储了大量由植物及其菌根多年来累积的碳，这对土壤中的生物群落来说无异于生态破坏，而且修复这些土壤需要几十年的时间。

橡树落叶还有一个好处。落叶层能在雨水到达地下水位和渗入土壤孔隙的过程中起净化作用。草坪和农场肥料产生的过量氮和磷以及重金属、杀虫剂、油和其他污染物都能够被过滤掉。地下水位的上层总是在流动，慢慢地流向地下最近的溪流或河流。这些净化后的水缓慢而均匀地进入水道，在几天和几周内将这5厘米的雨水以涓涓细流的形式输送出去，而不是像洪水一样喷涌而出。这样就稳定了溪流中的水流，从而防止对昆虫、甲壳类动物和鱼类等水生群落带来冲击和破坏。是谁需要健康的河流？又是谁需要充足、可靠、干净、新鲜的水呢？每一种生物和每一个人！拥有丰富水生昆虫和甲壳类动物群落的溪流所携带的水解性氮，是没有水生动物的溪流水解性氮含量的一半以下，甚至八分之一；因此，它们的溶解氧含量水平也更高（Sweeney and Newbold 2014）。正如落叶支撑着陆地分解者群落中的节肢动物一样，落入水中的树叶支撑着溪流中的节肢动物。像小龙虾、石蝇、蜉蝣和石蛾这样的食植动物和食叶动物依赖于树叶本身的能量，以及在流水中的树叶表面定居的藻类的能量。而与其他类型的树叶相比，橡树的叶子在溪流中作为可靠食物来源的时间要长很多，它们是充满活力的溪流中叶子的主力军。

橡树叶的记忆

从六岁开始，我一直住在新泽西州平原镇一条橡树林立的街道上。每年秋天，我父亲都会把这些橡树的落叶从我们的小院子里耙到路边焚烧掉。当时，焚烧是解决这些落叶"问题"的一种让大家可以接受的办法。就我而言，我很喜欢这个一年一度的惯例。因为可以跳进我父亲耙起的大叶堆里（至少对于当时的我来说，它看起来很大）开心地玩耍；当树叶堆点燃后，用棍子拨火就更有趣了。最重要的是，我喜欢橡树叶子燃烧产生的气味，直到今天，这个气味都能唤起我最美好的回忆。但是"焚烧树叶"这种典型景观美化的习惯做法会慢慢地将我们的院子变成一个生态死角。橡树叶本可培育的数百万分解者已不复存在，而它们本可以返回土壤的营养物质在第一场雨中就随着树叶的灰烬被冲进了下水道。我父亲和他的邻居们都没有想过橡树落叶可以通过简单又复杂的方式对平原镇的流域管理做出贡献。我们可以把树叶铺在院子周围的苗圃上，这将有助于净化地下水，防止附近的破坏性洪水，并为我们街道尽头的小溪梅多溪（Meadow Brook）创造一个健康的生态系统。为生态系统服务的概念直到最近才被最具前瞻性的生态学家提出，它还没有成为公众话题的一部分。

在我父亲焚烧我们橡树叶的62年时间里，我们学到了很多关于是什么让自然世界得以运转的知识。由于焚烧会带来大量的空气污染，所以现在大多数城镇都禁止焚烧树叶。同时，越来越多的人发现树叶（尤其是橡树叶）是花坛和树木下的优质表层覆盖物。许多乡镇会统一收集房主不想要的树叶，将它们制成堆肥，然后免费提供给那些欣赏其生态价值的房主。幸运的是，因为厌倦了每年耙树叶而砍掉雄伟的橡树的房主越来越少。"与景观中的橡树发展出可持续的关系将引导我们与我们赖以生存的自然世界建立可持续发展的关系"这一观点变得越来越清晰。事实上，每天我能都看到一些证明我们的社会正在学习如何做到这一点的迹象。

The Nature of Oaks

April

四月

从橡树的物候学角度来看，四月（来自拉丁语*aperire*，意为"开放"）的命名很恰当。四月是橡树芽苞膨大打开的时节，这时它们将绽放出第一枚嫩叶。但是，这一自然现象持续的时间很短暂，几乎没有人目睹过。这并不代表着这一现象非常罕见；无论树龄多大的橡树上都会发生几十到几百次，而且通常发生在不同的时段。除此之外，这一现象发生的位置是完全可以预测的：所有的芽苞处都是潜在的发生点。一棵大橡树有成千上万的芽苞，所以选择合适的芽苞来观察除了需要一点运气，其最大挑战在于它的持续时间很短。展叶的确切时间取决于当地的天气和每棵橡树生长环境的小气候。当芽苞内的分生组织正好在发育的这个特定生长阶段时，芽苞仅仅在这个短暂的特定的几个小时里是脆弱的。我所指的这个短暂的脆弱时段是每年雌性瘿蜂将卵和激素模拟物注入橡树嫩芽未分化的组织中形成虫瘿的精确时刻。从开始到结束，在嫩芽内产卵大约仅仅需要五分钟的时间。

许多虫瘿

　　瘿蜂不会到处飞并且蜇人，它们同胡蜂、蜜蜂和蚂蚁一样属于膜翅目（Hymenoptera）。如果大家确实注意到它们的话，会发现瘿蜂像大多数膜翅目昆虫一样，它们很小，不会蜇人，大多数人会错误地将它们视为蠓或蚋。名为瘿蜂是因为它们用化学方法"操纵"植物组织形成虫瘿，进而为瘿蜂幼虫提供了保护和食物。在北美有近800种瘿蜂，其中大多数只与橡树有着特殊的关联。

　　你必须把握合适的时机才能看到瘿蜂生产虫瘿。虫瘿一旦形成，在一年中剩下的时间里都会成为橡树叶子上的显著特征，如果虫瘿在树枝上形成，则会保留很多年。瘿蜂产下的卵会浸泡在母体分泌的植物生长调节剂中，植物对这些生长调节剂的响应就是卵周围的植物细胞发生爆炸性的、类似癌细胞似的生长，由此瘿蜂幼虫能得到保护。虫瘿的形状随着瘿蜂种类的不同而不同，并且可以由瘿蜂幼虫自己进一步控制，但大多数虫瘿都有相同的特征。虫瘿外层非常坚硬，一般的捕食者或瘿蜂的寄生蜂很难穿透。它还被涂抹了大量味道难闻的单宁酸，以进一步防止被捕食者取食。另一个常见的特征是虫瘿内部有一个非常坚硬的球体包着幼虫所在的腔室，它一般处于虫室的中心位置，但并不总是如此。这层虫瘿组织是保护幼虫的第二道防线，以防寄生蜂设法突

↑
两只雄瘿蜂（瘿蜂科）守护着一只雌瘿蜂，因为她在一个正在发育的橡树芽苞中孕育了一个虫瘿。

破外层保护壁。紧挨着幼虫的是一层营养丰富的植物细胞，它将为幼虫完成发育提供所需的所有食物。当幼虫长到一定大小时，它会在这个小房间里化蛹，然后在第二年的四月从虫瘿中出来。如果它是一个每年繁殖两代的物种，它会在六月下旬橡树经历第二次落叶期之前繁殖。

　　我刚才描述的事件进程代表了瘿蜂和橡树之间一种高度特殊化的关系，但我只讲述了一半。大多数瘿蜂科物种，特别是与橡树有关的物种，有着复杂的生活史，称为世代交替。第一代完全由单性生殖的雌性组成，也就是说，雌性不需要与雄性交配就能产下可育后代。这是一个很有用的特征，因为在第一代中没有雄性，所以第一代所产生的成虫和虫瘿就具有这个种特有的形态。相比之下，第二代产生的成虫和虫瘿与第一代完全不同，与第一代仅由雌性产生不同，第二代需要雄性和雌性以正常的方式交配才能产生可育后代。在很长一段时间里，瘿蜂分类学家认为这两代瘿蜂是两个不同的物种，你很难去责怪他们，因为每一代的瘿蜂看起来完全不同，它们的虫瘿也是如此。但我仍然不确定，在没有DNA分析的帮助下，分类学家是如何发现在四月看起来是一个样

↑ 橡树虫瘿多样性因瘿蜂种类和瘿蜂的世代而异。

子，而在六月看起来是另一个样子的瘿蜂，它们产生的截然不同的虫瘿，都被认定是属于同一个物种的。

虫瘿的大小和形状的多样性令人震惊。虽然我想它不应该是这样，但虫瘿的形态对每个种来说都是独特的。在近800种北美瘿蜂科物种中，大多数都有两种虫瘿。这里有各式各样的虫瘿！这些虫瘿看起来像小蘑菇，像海胆，还有一些虫瘿从叶子上掉下来，在地上跳来跳去，直到嵌入一个能受到保护的缝隙里。它们是"好时巧克力"的翻版，是带塞子的抛光花瓶，是中世纪的狼牙棒，是苹果、南瓜、松果、子弹，以及蜷曲的刺猬。在不同情况下，一些适应性特征有助于瘿蜂的生存，其中许多特征都与瘿蜂要挣脱的最致命的敌人——瘿蜂寄生蜂有关（Bailey et al. 2009）。

尽管它们拥有保护性的初始住所，但瘿蜂仍是地球上被寄生最多的动物之一。每一种瘿蜂都能被多达20种节肢动物成功攻击，其中还包括不自己制造虫瘿，但会接手其他瘿蜂制造的虫瘿的瘿蜂寄生蜂。瘿蜂被寄生蜂杀死的概率极高。我称它们为寄生蜂，而不是寄生虫，因为寄生蜂更像是专门的捕食者：它们不仅仅是骚扰宿主，而是会杀死宿主。与瘿蜂捕食者不同的是，寄生蜂一生只能寄生一种猎物。像瘿蜂一样，瘿蜂寄生蜂是一种很小的蜂，但它们不在植物芽苞中产卵，而是将卵植入瘿蜂幼虫中。当寄生蜂的卵孵化后，它的幼虫会慢慢地吃掉瘿蜂幼虫，从非致命的组织开始，最后吃掉整个生物。通过这种方式，随着寄生蜂的发育，它们的猎物仍然能够保持活力并为它们提供营养。成年寄生蜂用结构类似皮下针的产卵器插入猎物将卵产于它们体内。我们所害怕的集群的胡蜂身上的"刺"实际上是特化的产卵器。某些种类的寄生蜂产卵器很短，有些种类的产卵器比雌性的整个身体还要长。这种现象早已不足为奇了，因为产卵器的长度是由寄生蜂和它所寄生的瘿蜂之间漫长的"猫鼠进化"所决定的。

这一现象最好通过观察虫瘿的内部结构来证明。选择一个有较大虫瘿的物种，如栎大苹果瘿蜂（*Amphibolips confluenta*）产生的栎瘿，因为它更容易操作。如果你把虫瘿切成两半，你会注意到的第一件事是，除了一些薄薄的植物组织，虫瘿基本上是中空的。你可能会错误地认为，瘿蜂已经吃掉了虫瘿的内部，成年后就离开了。但仔细观察你会发现，在虫瘿的中心有一个圆形的囊，切开囊，你会发现微小的瘿蜂幼虫，它只占虫瘿总体积的2%—3%。

虫瘿内部的中空结构是起什么用的呢？这是一种简单而优秀的进化结构，它能使瘿蜂幼虫刚好远离具有最长产卵器的寄生蜂。随着时间的推移，来自寄生蜂的强大选择压力有利于瘿蜂选择足够大的虫瘿，让虫瘿外部和位于中央位置的瘿蜂幼虫之间有足够的距离来避开敌人的产卵器。这又反过来选择了进化出足够长的产卵器的寄生蜂，使产卵器能够到达虫瘿内部瘿蜂幼虫所在的位置。千万年来，瘿蜂和它们的敌人之间这种你来我往的选择进化压力，最终创造了我们今天看到的各式各样的虫瘿。

从某一角度来看，一些虫瘿内部的大空间也是降低寄生蜂死亡率的一种方式。有些虫瘿通过在其表面长出长而密的毛来避开寄生蜂，这使得寄生蜂难以降落在虫瘿上并插入产卵器。有些则分泌一种黏性物质，如果寄生蜂在虫瘿上爬行，就会困住寄生蜂。另一种常见的策略是和寄生蜂玩"捉迷藏"。具有海胆状尖刺的虫瘿不像其他虫瘿那样有一个中央育幼室，而是在众多尖刺的下面有一个育幼室，然后由寄生蜂来发现哪一根尖刺下方是真正的育幼室。同样地，疣状虫瘿内有迷宫般的腔室，只有一个腔室里有瘿蜂幼虫。也许解决寄生蜂问题最具创新性的办法是雇用保镖。在昆虫中，蚂蚁是最好的保镖。蚂蚁是杂食动物，它们很容易捕捉、吃掉其他昆虫，同时，它们也喜欢吃甜食。一些虫瘿利用了蚂蚁的这两个特点，制造出一种能分泌蜂蜜状物质的虫瘿吸引蚂蚁，作为回报，在甜虫瘿周围徘徊的蚂蚁会保护虫瘿不受任何寄生蜂的侵害。

瘿蜂诱导橡树组织改变其正常生长模式的能力似乎是单方面利于它自己的，它为瘿蜂幼虫提供了住所、保护和食物，而为橡树提供的只是装饰性的隆起，这是关于瘿蜂的文献所描述的。然而，如果是这样的话，为什么自然选择没有让橡树保护自己的利益，通过进化来减轻瘿蜂的攻击呢？我认为事实确实如此，而且橡树需要这样的进化选择。瘿蜂科昆虫是食植动物，以植物组织为食。让我们想象一下，如果虫瘿不是在卵和幼虫周围形成的，这种情况下，幼虫不会像在虫瘿中那样将所有的食物集中在一个地方，相反，它们会在更大的范围内穿过树叶或茎干，很可能会破坏橡树的维管组织。由于它们的进食没有物理上的限制，进食选择可能倾向于产生较大的个体，如生长成比虫瘿内所能达到的体型更大的瘿蜂，这反过来又会导致瘿蜂对橡树的组织造成更多的损伤。与其认为虫瘿是只有利于瘿蜂的单方面适应性进化，不如更准确地认为它是一种进化的妥协。两者的进化选择相辅相成，橡树虫瘿将瘿蜂的食物范围限制在一个很小的地方，最大限度地减少来自瘿蜂这类食植动物的破坏，并且限制了这些橡树寄生虫的大小，而橡树也允许瘿蜂在虫瘿的相对安全范围内完成它们的发育。

风中的尘埃

四月，橡树上虫瘿的萌生不是唯一要关注的事情。四月通常是橡树开花的月份，橡树开花的时节取决于你住在哪里。雄花和雌花是由同一棵树开出来的，但雄花是最显眼的。当瘿蜂在橡树芽苞中完成产卵后不久，你会看到第一批雄花开始生长，它们顺着细长的柔荑花序纵向排列，花序大约有10至13厘米长，挂在整棵树的树枝末端。大多数橡树至少要17年才开始开花，所以要注意老树上花序出现的时间。

你很难错过橡树的雄花，但橡树的雌花不仅容易错过，还很难找到。因为橡树的雌花很小，它们总是单独依偎在橡树高处的细枝上，难以发现。

大多数橡树是风媒传粉的。为了获得最好的花粉，花序必须在叶子完全展开之前迅速伸长、成熟并释放花粉，因为叶子会阻碍花粉在空气中的传播路径。尽管一棵树的雌花可能会被同一棵树雄花的花粉覆盖，但它通常需要来自不同树的花粉才能使雌花成功受精并促成橡实发育。这就是为什么在我们的景观里，拥有不同种类的橡树种群是至关重要的，因为仅靠一棵树是无法繁殖的。没有机会在同一物种的其他个体上获得花粉，使雌花受精的单棵树也不会产生橡实。在我写这篇文章的时候，我正看着我搬进新家后不久种下的一棵卵石栎。这是我院子里最大的橡树，足足有18米高。每年，这棵树上都会生长出成千上万颗小橡实，但因为这是我唯一的卵石栎，附近没有相同树种，所以这些新发育出来的橡实，都是没经过其他树受精产生的，最后都会夭折。

不幸的是，橡树花粉会引发人们过敏。虽然与许多其他树木的花粉相比，橡树花粉被认为是致敏性较轻的，但在适

橡树雄花的柔荑花序，在四月释放花粉。

当的天气条件下，它可以在空气中停留相当长的时间，真的让一些人很痛苦。无论一年中的什么季节，每当有人在我家打喷嚏时，辛迪和我都会开玩笑说"一定是橡树花粉"。事实是，我们家的橡树花粉只在四月底的几天里飘散。我向那些愿意每年忍受几天不适的人们致敬，是他们将这些橡树作为礼物送给了当地环境。撇开橡树花粉的致敏性不谈，当花粉充分扩散时，会给橡树带来一种令人愉悦的空灵感，尽管只有几天时间。一旦花粉脱落，花序就会干枯从树上掉落，为下面的落叶层增加重要的有机物。

波吕斐摩斯[1]装饰

　　四月初，在你的橡树上还有一件事值得关注：华丽的多音天蚕蛾（英文名直译为波吕斐摩斯蛾）的茧，它是我们这里的第二大天蚕蛾，仅次于翼展为15厘米的刻克罗普斯蚕蛾。你可以从九月下旬随时开始搜寻多音天蚕蛾，但四月最容易找到的是它们的茧，因为那是最后一片枯萎的叶子从树上掉下来的时候，茧会像银白色的复活节彩蛋一样显露出来。多音天蚕蛾的茧和其他蛾类的茧一样大，通常能达到5厘米长，它们用一根5厘米长的丝绳将其悬挂在细枝上。但

---

[1] 希腊神话中的独眼巨人。

如今，它们越来越不常见了，如果你在你的橡树上能发现一只，那就非常幸运了。

　　大多数地方，在橡树上越冬的茧是第二代多音天蚕蛾的产物。在紧密编织的蚕茧中栖息的蛹最值得我们尊敬，因为它和创造它的卵和毛毛虫以及产卵的雌蛾，都成功逃过了自然界的捕食者、寄生蜂、疾病以及人为的致命陷阱的威胁。雌多音天蚕蛾在交配后必须寻找合适的寄主植物产卵。为了躲避白天饥饿的鸟类，它将寻找寄主植物的时间推迟到天黑后的几个小时，但这会让它面临蝙蝠和猫头鹰带来的危险，因为这两种动物都把天蚕蛾作为猎物。雌天蚕蛾在我们周围的植物中穿梭，用它巨大的羽状触角来找到我的橡树的气味，然后锁定它的位置，以便在其叶子背面产卵。这是它繁

多音天蚕蛾活到成年的概率非常小。

多音天蚕蛾在整个冬天都会结成大茧挂在橡树枝上。

殖的关键阶段，如果它把我邻居的豆梨树错当成橡树，在这种错误判断下孵出的幼虫就会饿死，因为它们无法消化这种外来植物的叶子。而且它必须在这个到处都是房子、车库和谷仓的地方完成这些事情，但是这些地方都有着明亮的安全灯，不知为何，这些安全灯会像塞壬女妖一样引诱蛾子，并导致它们死去。

　　雌多音天蚕蛾能产下大约250颗卵，但它们不能把卵都产在同一棵树上，因为如果它们这样做了，所有的卵很可能都会被天敌吃掉。当捕食者发现并吃掉一颗卵或幼虫时，它就会在附近搜索，判断附近是否有更多食物。出于这个原因，自然选择青睐让雌蛾将卵分散在寄主植物上，而且散布的范围也是尽可能大。多音天蚕蛾的天敌无处不在，如蚂蚁、蜘蛛、猎蝽、姬蝽和其他掠食性的蝽类，尤其是泥蜂和胡蜂，它们日复一日地捕食毛毛虫，还有茧蜂和寄生性的姬蜂，此外还有核型多角体病毒、许多细菌和真菌疾病，以及大批饥饿的鸟类。所有这些天敌都无情地攻击毛毛虫，以至于雌蛾产下的数百颗卵中只有少数能存活到化蛹。如果可以的话，这也是我希望大家能在你的土地上多种一棵橡树的另一个原因，这将给当地的多音天蚕蛾提供尽可能多的选择来躲避敌人。

The
Nature
of Oaks

May

五月

我不太擅长外语（是的，我这方面的能力很差），我也不擅长破译鸟鸣。我相信这两种天赋是相关的。不过对我来说幸运的是，辛迪在这两方面都很出色。所以当她兴奋地低声说"magnolia在我们前面的橡树上"时，我会马上将注意力集中到寻找纹胸林莺身上。实际上我当时拿起相机，并不是因为一棵开着漂亮粉红色花的中国树木悄然而至（magnolia是木兰的意思），而是我知道是辛迪听到了我们最美丽的候鸟之一纹胸林莺的声音[1]。在五月的迁徙高峰期，辛迪不只是低声提醒我纹胸林莺的存在，去年春天，她通过鸟鸣声在30分钟的时间里提醒我见到了四种在我们的橡树上觅食的莺：北森莺、黑喉绿林莺、黑白森莺和纹胸林莺。我们并未居住在候鸟迁徙的主要路线上，但橙尾鸲莺、黄林莺、灰蓝蚋莺、白眼莺雀、红眼莺雀、隐夜鸫、靛蓝彩鹀、加拿大威森莺、橙腹拟鹂、圃拟鹂、王霸鹟、橙顶灶莺、黄腹地莺、黄喉地莺和白颊林莺在前往更远的北方栖息地途中，经常在我们的院子里停留。它们停下来只有一个重要的原因：觅食。

---

[1] magnolia一词对应木兰属植物，也可以用来指纹胸林莺（magnolia warbler）。

纹胸林莺是最美丽的候鸟之一，
每年春天它们都会在北上途中于此停留，在我们的橡树上寻找昆虫。

鸟类迁徙的合理性

在北美大陆上繁殖的鸟类有650种。事实上，超过半数（约有350余种）的鸟类都是长途迁徙的候鸟。这些候鸟一年中有长达7个月的时间生活在热带地区；但是为了繁殖后代，它们会飞到几千里外的北方。它们做出这样的努力似乎令人费解，因为鸟类迁徙所承受的生理压力是我们难以想象的。如果这些候鸟的迁徙路线需要穿越大西洋或者墨西哥湾的话，它们将会损失多达35%的体重；并且，许多候鸟还将会因为疲惫而一命呜呼（Kerlinger 2009）。一旦进入北美洲地区，候鸟们可以一夜之间顺风飞行约480公里；但是当它们停下来休息一整天的时候就必须补充能量。春天迁徙的候鸟所需的能量主要来自富含脂肪和蛋白质的昆虫。如果有足够的昆虫可以吃，一只候鸟在中途停下来休息的一天里，能够通过吃昆虫将自己的体重增加30%—50%（Faaborg 2002）。对于候鸟来说，另外一个重大的挑战就是恶劣的天气，特别是春季的风暴、停滞的锋面[1]以及秋季的飓风。简而言之，迁徙是鸟类一生中最危险、最费力的事情。然而，像其生活史中的其他特性一样，它们迁徙的生态效益肯定远超成本；否则，"春天向北迁徙进行繁殖，随后回到南方的热带地区度过秋冬"这种行为就不会在任何鸟类物种中进化出来，更不用说成百上千的鸟类具有这一习性了。实际上，当鸟类进化出迁徙这一习性时，其利大于弊；因为飞到北方抚养后代的鸟类比没有飞到北方的鸟类能在春天养育更多的后代。

末次盛冰期消退以后和在那之前的每一个间冰期，温带都为鸟类提供了热带所没有的东西：几乎取之不尽的昆虫。北美各地的每年春天都会长出大量的鲜嫩的叶子，紧随其后的是以这些叶子为食的昆虫的爆发；这对于以昆虫为食的鸟类来说是一个丰富的资源。康奈尔鸟类学实验室的研究

---

[1] 锋面是指冷、暖气团相遇的交接面。

由于北方春季昆虫丰富，黑喉蓝林莺会从古巴飞到新英格兰繁殖。

表明：那些往北方迁徙的候鸟每年可以利用这一巨大的食物资源优势养育4到6只幼鸟；这显然要比热带同类型鸟类在春季只能养育2到3只幼鸟要好得多；因此，候鸟们冒着迁徙的风险和承受这份迁徙的压力是值得的。

所以，鸟类进化出迁徙这一习性并且稳定遗传千万年以上，至少在一定程度上是由温带昆虫的季节性爆发引起的。一些鸟类学家认为，鸟类在温带地区较低的被捕食率也在鸟类迁徙这一习性的进化中发挥作用。无论如何，只要候鸟能够平衡迁徙风险所带来的死亡率和到达繁殖地以后提高的繁殖能力，迁徙就可以继续成为一种可行的策略。然而，这仍然需要丰富多样的昆虫让鸟类得以随时随地都可以喂养它们的后代，正是因为这些昆虫，候鸟才能抚育幼鸟。但是问题就在于：无论我们在哪里减少了一个地区的植物的绝对数量，或者用不支持昆虫生存的非本土植物取代了支持昆虫生存的本土植物，昆虫的种群和候鸟平衡它们风险的能力都会被摧毁。摧毁这个词用得太过强烈，但我和我的学生们在特拉华大学的研究数据支持这一说法：非本地的入侵和观赏植物对昆虫和鸟类的影响超过15年。

近期，梅丽莎·理查德、亚当·米切尔和我的一项研究（Richard et al. 2018）很好地说明了非本土植物对毛毛虫的巨大影响。我们评估了当非本土植物取代农业树篱中的本土植物时，毛毛虫会发生什么变化。我们很容易就能找到被牛奶子、野蔷薇、豆梨、蛇葡萄、卫矛和金银忍冬等引入植物完全侵占入侵的树篱。我们选取了位于特拉华大学附近被入侵的自然区域和没有被入侵的本土植物树篱区域进行对比研究。再结合利用一个生态修复地点和没有被鹿破坏的地点（鹿的破坏会加剧入侵植物的传播）组合，我们最终找到了理想的样地：大小相似的四块入侵区域和四块原始区域。利用重复的样带，我们分别在六月份和七月下旬对每个地点的毛毛虫进行数量统计和称重。从各方面来看，当入侵植物取代本土植物后，毛毛虫群落显著减少。尽管由入侵植物组成的树篱生物量更多，但与原生植物组成的树篱相比，毛毛虫种类减少了68%，毛毛虫的数量减少了91%，毛毛虫生物量减少了96%。将这些数字归纳为吃毛毛虫的动物的日常需求，我们发现被入侵的栖息地中可获得的食物减少了96%！

如此巨大的食物数量的减少对毛毛虫捕食者来说意味着什么？这并不复杂，如果栖息地中食物供应较少，依靠这些食物维持生命的生物也会越来越少。如果你怀疑上面的这一逻辑推断，就将种子填满你的喂食器，然后数一数一天有多少只鸟来这里取食。第二天，只在喂食器中放之前4%量的种子食物，然后数一数有多少只鸟过来取食。你将会发现鸟儿们会在短时间内吃完你放的食物，然后离开。如果它们依靠这些喂食器的食物来抚养幼鸟，它们的幼鸟就会挨饿；更有可能的是，鸟类在产蛋之前就知道没有足够的食物来成功抚养幼鸟，所以它们根本就不会尝试在你的院子里进行繁殖。当然，问题是大多数鸟类不是靠我们喂食器里或其他地方的种子来哺育后代的，也不是用当地灌木丛里的果实来哺育后代的；它们是用昆虫和蜘蛛养育后代的（而这些蜘蛛也需要捕食昆虫）。绝大多数成为鸟类食物的昆虫不会生活在我们的院子里，除非我们有这些昆虫生长和繁殖所依赖的本土植物。

　　鸟类需要足够的食物来维持它们的种群数量，我的学生德西雷·纳兰戈（Desiree Narango）第一次统计了非本土植物对郊区院子里鸟类繁殖的影响（Narango et al. 2017, 2018），进而证明了这一合乎逻辑的假设。以卡罗山雀为例，它们在人为主导的景观中尽最大努力繁殖。德西雷研究发现，在美国首都这个典型的城郊栖息地，非本地观赏植物支持的毛毛虫生物量比本地观赏植物少75%。食物的减少会对这种山雀产生怎样的影响？损失惨重。如果你院子里的植物生物量超过30%是由非本土植物提供的（德西雷研究的院子中非本土植物的平均比例为56%），山雀繁殖的可能性就会降低60%之多；即使它们尝试进行繁殖，也无法产生足够

如果没有丰富的昆虫来喂养它们的后代，数百种鸟类将无法繁殖，白眼绿鹃（white-eyed vireo）只是其中之一。

的后代来维持它们的种群。另外，研究带来的好消息是，当我们进行景观设计的时候有了一个本土植物占比的目标值。德西雷的研究表明，只要我们院子里包含至少70%的多产的本地物种，就可以持续地支持鸟类的繁殖。下一步就是检验我们院子里本土植物的组成是否会在这方面产生差异（不同的植物组成可能会在至少包含多大比例本土树种的数值上有所不同）。换个通俗易懂说法就是，一个种植着本土橡树、樱桃、柳树和桦树的院子是否会比一个种有美国山胡椒、美洲鹅耳枥、多花蓝果树和北美肥皂荚的院子能养活更多的鸟类？两种组分都是本地物种，但它们所能支持的毛毛虫种类有显著差异。我们的预测是：种植大量支持毛毛虫物种生存的植物的庭院也将支持更多数量的鸟类繁殖，但我们需要科学的数据测量和统计来验证这一预测。

所有观鸟者都知道去哪里寻找春天的候鸟：仔细看着橡树就能找到春天的候鸟！我对数百万观鸟者的这一结论持有怀疑的态度。当然，做一个统计也未尝不可。这就是我的另一个学生克里斯蒂·比尔（Christy Beal）几年前所做的一项研究。本研究以林莺为研究对象，当它们春季迁徙到新泽西州时，我们选取了15个属的大小相似的树种来观察林莺的觅食时长数。结果表明，林莺在橡树上觅食的时间是在松树上的3倍，是在桦树上的6倍。它们很少花时间在其他12个属的树上觅食。需要牢记的是，只要树上有食物，鸟类根本不在乎它们在哪棵树上觅食。然而，它们确实非常关心觅食的效率。它们不能承受把时间和精力浪费在没有食物的地方寻找；所以它们待在没有食物的树上的时长就像你愿意在阿珂姆市场购物的时长一样（如果所有的货架都空着，你只会待几秒钟）。

我的观点很简单：辛迪和我喜欢候鸟的迁徙，喜欢我们院子里疯狂而充满希望地繁育后代的鸟类；因为我们有橡树这样的树，可以支持这些鸟类所需的昆虫食物——你的也可以！

空中的尺蠖

在美国的大部分地区，五月份是第一个你可以到院子向自己证明橡树是伟大的毛毛虫"生产者"的月份。合理的警告：因为这个时候是大多数候鸟在你的院子里停留，并捕食毛毛虫来补充能量的时候，也是当地的留鸟开始繁育后代的时间，它们一天就需要为宝宝的成长捕捉上百只毛毛虫；所以，五月份将是你经历的鸟类在你的橡树上捕捉毛毛虫过程中竞争最激烈的月份。当我谈到某些植物"制造"毛毛虫时，经常会得到困惑的表情；但如果你仔细想想，"制造"这个词精妙地阐述了正在发生的事情。毛毛虫是由它们吃的树叶中储存的能量和营养物质"创造"的。毛毛虫可以称为"经过改造的可行走的树叶"。与许多蛾类和蝴蝶物种建立

毛毛虫是行走的树叶，因为它们只吃树叶。

了协同进化关系的植物比没有协同进化关系的植物能够"制造"或"生产"出更多的毛毛虫。

　　当我小的时候，我们家每年夏天都会在北新泽西的一个湖边露营。我们会在五月底搭起帐篷，并且在整个夏天重复利用这个帐篷，直到九月拆除营地。那时候，帐篷都是用厚重的帆布做的，搭帐篷可不是件容易的事，尤其是在大热天。尽管我父亲是个很有耐心的人，但搭帐篷的时候经常考验他耐心的极限。在我们帐篷所在地的大橡树上，经常会有绿色毛毛虫沿着丝线垂落下来。这让我父亲伤透了脑筋。出于某种原因，他不喜欢毛毛虫掉落在他的鼻子上，或者沿丝飘到他的背上。在我父亲的眼里，春天里数量繁多的毛毛虫

这只有单斑纹的变种尺蠖，是春季橡树叶子上常见的许多尺蠖之一。

仅仅是一种令人讨厌的东西；如果没有这些毛毛虫，我们会活得更好。如果我父亲是一只鸟，他就会用不同的眼光看待这些慷慨的毛毛虫了。那时他就会明白，这些毛毛虫不仅是鸟类的早餐、午餐和晚餐，而且是鸟类成功繁殖的关键；正是这些毛毛虫让新泽西的这片森林成为鸟类繁殖的圣地。

对鸟类来说幸运的是，它们最喜欢的毛毛虫［皮肤光滑和美味的尺蛾科（Geometridae）的各类尺蠖］在春天（或者至少曾经在春天）数量充足。像独斑皮尺蛾（*Hypagyrtis unipunctata*）、珠光美尺蛾（*Campaea perlata*）、瓷碎纹尺蛾（*Protoboarmia porcelaria*）和秋林尺蠖（*Alsophila pometaria*；因为成虫在秋天出现并产卵，所以俗名为fall cankerworm）这样的物种在橡树上非常多，以至于偶尔会激发房主为了"拯救"这些树而喷洒杀虫剂；但我怀疑真正的原因是许多人不喜欢绿色的小"蠕虫"空降到我们的头发上。尽管如此，对毛毛虫喷洒杀虫剂会引发连锁反应，并最终导致当地的生态灾难。当我们喷洒杀虫剂杀死毛毛虫时，首先会杀死这些毛毛虫的所有天敌；因为，这些天敌比我们的目标（毛毛虫）对杀虫剂更加敏感。喷洒杀虫剂很少能杀死所有的毛毛虫，所以第二年，毛毛虫的数量会激增，因为周围没有足够的捕食者和寄生蜂来控制它们的数量。所以我们会再次喷洒杀虫剂。包括本地鸟类在内的以毛毛虫为食的捕食者在前一年就无法养育幼鸟，因为我们杀死了它们喂养下一代的毛毛虫。结果是，每年我们越喷洒杀虫剂，周围能够控制毛毛虫数量的鸟类就越少；这就导致我们需要再次喷洒杀虫剂消灭毛毛虫。很快你就会发现，我们不得不每年在我们的房子周围喷洒杀虫剂，因为我们消灭了毛毛虫的自然天敌。尽管这一切都是为了保护树木；其实，这些树木很好地适应了春季泛滥的毛毛虫，在没有受到其他胁迫时，这些树一开始并不会受到毛毛虫的伤害。

橡树夜蛾

如果幸运的话，五月份，你可能会在橡树上遇到另一种类型的毛毛虫：一种夜蛾（裳夜蛾属 *Catocala* spp.），之

夜蛾的毛毛虫长得足够大，能很好地与橡树皮融为一体。

所以这样命名是因为成虫的后翅通常有明亮的黑色、红色、黄色或橙色条纹。尽管这些毛毛虫长大后相当大（长度可达几厘米），但是你必须仔细观察才能找到它们的低龄幼虫。它们在夜间以橡树叶为食；但在白天，它们会从进食地点爬出一段距离，一动不动地趴在树枝或树干上。这对夜蛾猎手来说是一个巨大的挑战，因为大多数夜蛾长得和它们附着的树皮一模一样。找到夜蛾最简单的方法是剪一条大约30厘米宽、足够长的粗麻布，以便能环绕在橡树的树干上，然后用绳子把粗麻布绑在树干上，绳子两头各垂下15厘米的粗麻布。当大龄毛毛虫在白天爬下树干休息时，它们会经常爬到粗麻布绳下，在那里它们很容易被看到。

　　在美国范围内，至少有17种夜蛾以橡树作为唯一的寄主植物。卡尔·林奈（Carl Linnaeus）是现代分类学之父，他是第一个在描述一个物种时坚持使用双名命名法（属名和种加词）的人。他采用了女性/婚姻的主题词为常见的夜蛾物种进行命名。后来的分类学家追随他的规则，命名了许多以橡树为寄主的裳夜蛾的名字，如小仙女、女友、新娘、配偶、小妻子、寡妇和黛利拉[1]。夜蛾幼虫在春末时节完成生长，到地下化蛹，并在夏季晚些时候发育为成虫。然后，它们会将卵产在树皮缝隙中，在那里度过整个冬天，直到早春孵化。

橡树的珠宝

如果你有幸住在美国的西南部，你可能会遇到仅分布在美国的亮蛾科（Dalceridae）的蛾类。亮蛾（Dalcerid）的幼虫被称为宝石毛毛虫，它们看起来确实像美丽精致的珠宝，通常有着耀眼的红色、绿色和黄色。其中一个物种叫橙翅亮蛾（*Dalcerides ingenita*），它虽然不是地球上最漂亮的亮蛾（当然它也是足够漂亮的），但它可能是最不寻常的橡树取食者之一。橙翅亮蛾在亚利桑那州每年会繁殖两代。你可以

[1] 分别指仙子裳夜蛾（*Catocala micronympha*）、女友裳夜蛾（*C. amica*）、橙纱裳夜蛾（*C. neogama*）、爱侣裳夜蛾（*C. connubialis*）、妇裳夜蛾（*C. muliercula*）、孀裳夜蛾（*C. vidua*）和雅裳夜蛾（*C. delilah*，种加词指《圣经》中参孙的情妇黛利拉）。

仅分布于美国的橙翅亮蛾，它在生活于北美橡树上的蛾类中是独一无二的。

每年五月和八月在墨西哥蓝栎（*Quercus oblongifolia*）、亚利桑那白栎（*Q. arizonica*）或艾氏栎（*Q. emoryi*）上找到橙翅亮蛾毛毛虫。另外，每年的六月或九月份，你可以在家前廊的灯光下找到它的成虫。如果你这样做了，就很容易欣赏到大自然最不寻常的创造之一。

白耳似舟夜蛾

　　无论温度如何，以缅因州著名的鳞翅目学者罗兰德·萨克斯特（Roland Thaxter，1858—1932）名字命名的白耳似舟夜蛾（*Psaphida thaxteriiana*）总是在四月初成为第一批从冬眠中醒来的蛾类之一。但是，直到五月份橡树的树叶几乎完全展开时，雌性白耳似舟夜蛾在橡树树枝上产下的卵才会孵化。白耳似舟夜蛾有着这样的特质：它的颜色是斑驳的灰色，当它在橡树上时，这能使它在人们的视野中"消失"。从生命的初始，白耳似舟夜蛾便是神秘的独行侠。白耳似舟夜蛾的背部有一排白色三角形，这与深色的底色形成鲜明的对比，但毛毛虫并没有特意展示出这种引人注目的图案。相反，它们躲在一簇用丝缠绕在一起的橡树嫩叶里。为什么自然选择青睐于这种独特的颜色模式，但又把它隐藏在树叶中，这仍然是一个谜。

　　像许多其他种类的毛毛虫一样，灰黄色的白耳似舟夜蛾并不常见，而且每年都变得越来越难以见到。实际上，它现在已经成为东部几个州受到关注的保护物种之一。很难证实这一物种衰退的确切原因是什么，但如果我负责拯救它，我会先首先关注它赖以生存的植物。白耳似舟夜蛾是一个对橡树依赖性极强的物种，它的大部分活动范围似乎与美国白栎和猩红栎的分布范围有关联。美丽的毛毛虫种群的减少与美国迅速发展的城郊对东部橡树林的迅速破坏步调一致，这并不是一种巧合，我认为两者之间存在着密切的联系。但是，如果每个人都把它们的豆梨（一种来自亚洲的高度入侵的观赏树，在很多地方仍然被苗圃贸易所推广，尤其是Bradford

这个品种）换成一种在它们的区域生长良好的橡树物种，我猜白耳似舟夜蛾将再次变得非常常见，足以帮助我们的新热带移民（候鸟）充饥饱腹。

毁灭者

当我们论及五月份橡树上的毛毛虫时，臭名昭著的舞毒蛾（*Lymantria dispar*，拉丁名意为"毁灭者"）是不可或缺的。信不信由你，基于错误的分类认知，艾蒂安·利奥波德·特鲁夫洛（Étienne Léopold Trouvelot）于1869年不慎将舞毒蛾从欧洲引进到了马萨诸塞州。特鲁夫洛想要培育出更好的家蚕蛾（*Bombyx mori*），因此他将舞毒蛾与家蚕蛾进行杂交，试图将舞毒蛾中占优的活力较强的基因引入具商业价值的"近亲"家蚕蛾中，以期创造出一种更健康、产丝更多的物种。这个计划看起来并非轻率，因为在特鲁夫洛的时代，舞毒蛾被错误地归入了家蚕蛾属。大多数物种不会与其他物种交配（即使它们属于同一属）；即便两者真的交配了，它们产生的后代很可能无法存活（物种间存在生殖隔离）。所以，即使物种分类是准确的，舞毒蛾和家蚕蛾进行杂交的尝试仍可能会失败。然而，我们现在知道舞毒蛾和家蚕蛾不仅分属于不同的属，而且分别属于不同的科。舞毒蛾属于裳蛾科（Erebidae），与家蚕蛾所属的蚕蛾科

（Bombycidae）是完全不同的；所以，舞毒蛾和家蚕蛾成功
交配的可能性并不比狗和猫配对更大！

　　但特鲁夫洛不知道这一点，所以他继续实施了他的计
划。他从欧洲带了一群舞毒蛾回到马萨诸塞州梅德福的家
中，并且给它们做了一个漂亮结实的笼子。然而，世事难
料。另特鲁夫洛非常沮丧的是：一场暴风雨把笼子击得粉
碎，导致他的这些宠物（舞毒蛾）飞进了当地的橡树林中。
不到10年，舞毒蛾就在新英格兰地区肆虐，并逐渐成为北美
历史上最严重的森林害虫。舞毒蛾继续扩大它们的领地，所
到之处橡树被大量毁灭。实际上，如果我父亲现在在北新泽

毁灭者，舞毒蛾，
已被证明是美国最糟糕的入侵物种之一。

西搭帐篷，他就不会像过去那样被从橡树上掉下来的尺蠖所困扰了。1975年，舞毒蛾横扫了我童年时代生活过的那片树林，毁掉了很多橡树；那些对鸟类迁徙和繁殖非常重要的尺蠖，现在只剩舞毒蛾辉煌之前的一小部分了。

　　你可能非常疑惑下面这个问题："为什么我谈到尺蠖和其他本地毛毛虫时几乎带着一种敬畏的态度，反而会诋毁像舞毒蛾这样的外来物种？"它们同样都是毛毛虫，难道有什么不一样吗？从某种意义上说，它们确实一样，都是毛毛虫；但是从生态学的角度来说，它们存在极大的差别。任何一个物种对生态系统带来积极还是消极的影响都取决于它所在的地点和所处的环境。如果我生活在欧洲和亚洲，我肯定不会说舞毒蛾的坏话。因为它与欧亚大陆上的植物和其他动物长期协同进化，虽然舞毒蛾的偶尔爆发也会导致欧亚大陆树木的小规模落叶，但它并不是那里的"毁灭者"。原因很简单：欧亚大陆上存在它们的天敌，这些天敌可以控制它们爆发的潜力。欧亚大陆上有超过100种攻击舞毒蛾的寄生蜂，还有几种步甲和蜻以及其他无脊椎捕食者都是舞毒蛾专门的天敌，更不用说把舞毒蛾的数量抑制在大量爆发水平以下的那些重要疾病了。但是在北美，情况并非如此。当特鲁夫洛把舞毒蛾单独带到梅德福时，他只带了舞毒蛾，却把它背后那些复杂的天敌网络留在了遥远的欧亚大陆。因为一般来说鸟类在捕食的时候会避开那些像舞毒蛾一样多毛的毛毛虫，所以北美地区饥饿的鸟类也并没有成为它们的天敌。

　　北美的这种生态失衡并不单纯是由舞毒蛾导致的，同样的现象也发生在雪毒蛾、秋尺蛾、白蜡窄吉丁虫、铁杉球蚜、光肩星天牛、日本金龟子和毛莹叶甲等昆虫以及引入的其他植物物种上。当一个物种被单独带到地球的一个区域而没有天敌时，这个物种就会经历生态学家所说的"天敌释放"。由于没有天敌或疾病来减缓它们种群的数量增长趋势，它们就会频繁地在新栖息地引起巨大的生态动荡。

了解橡树叶的形状

　　在美国大部分地区，不同落叶橡树物种的叶子在五月中旬就已经完全发育（它们的大小和形状达到了稳定的状态并固定下来）。如果我把北美所有橡树物种完全展开的叶子组合成一张照片，那将是一个令人印象深刻的生物变化展示。当然，许多物种的叶子看起来就像典型的橡树叶；但是还有一些其他物种的叶子看起来更像柳树的叶子，而不是橡树的叶子；另外，来自西南部和加利福尼亚州的几个物种的叶子看起来就像冬青的叶子。橡树的叶子形态各异：有些物种叶子大，有些物种叶子小，有些物种叶子的缺裂边缘很尖，有些物种叶子的缺裂边缘是圆弧形的。即使是同一棵树，叶子的大小和形状也有很大的不同。这些叶子的变异是怎么一回事呢？

　　不同形状的叶子向我们阐述着不同的进化和生态学故事。进化的故事读起来通常比生态学的故事更具挑战性，而且很难证明我们是否正确地解读了这些进化的故事。当然，在某种程度上树叶的变化是在物种形成的过程中产生的。新物种的形成是有迹可循的，首先，通常由于山脉或河流等地理屏障导致一些树木种群相互隔离并停止了种群间的基因交换；然后在漫长时间的进化过程中它们与原来的种群渐行渐远，并最终使它们看起来不再和原种群相似，这时新物种就形成了。进化的改变随着时间不断积累会导致对原始叶片的形状进行修饰。这些修饰可能是由于并不体现特定功能的基因随机突变引起的，也有可能是由于新环境的独特性引起的。然而，如果我们非常清楚自然选择赋予叶片的功能是什么，那么，我们解释生态功能是改变叶片形态的强有力塑造者时（相比于进化历史）就更容易被人理解。

　　植物叶片的主要功能是从太阳光中收集能量，并通过光合作用将其转化为糖类等有机物。但是，众所周知，太阳产生热量。叶子可以忍受来自太阳的一些热量，但过多的热量会破坏叶子内部发生的化学过程——注意这个信息。植物的叶片需要从空气的二氧化碳中获得碳元素来生成糖类等有机物。为了确保光合作用等化学反应在叶细胞内顺利完成，叶片必须通过其表面的小孔（被称为气孔）吸收二氧化碳。不幸的是，当气孔开放允许二氧化碳进入叶片的同时，水分也通过相同的气孔从叶片中逸出。因此，叶子的日常生活是一种微妙的平衡艺术：既要吸收足够的二氧化碳进行光合作用，又要避免由于失去太多水分导致叶子枯萎。而且它还必须在确保叶片不过热的情况下保持这种平衡。叶片在一天中通过它的大小和形状以及不断地打开和关闭气孔来做到这一点。

　　你可能已经注意到下面这个现象：橡树下部枝条上的叶子通常比顶部的叶子大得多。这一现象的出现是有原因的。橡树下部的叶子被上面的叶子所遮蔽。为了获取足够的阳光来进行光合作用，下部的叶子变得又大又宽，并且通常很少有叶裂。相反，橡树顶部的叶片暴露在阳光下，它们不需要很大的面积就能获得光合作用所需的全部能量。然而，顶部的叶片却面临着热量过多的主要问题。较深的叶裂和较小的叶型是树顶叶片减少叶面积的两种方式，通过这两种方式能够限制它们暴露在阳光下的范围并且减少了热量累积。

在美国西南炎热干燥等具有挑战性的环境中，同样是光热之间的冲突与权衡迫使栎属植物形成如此特化的叶型。为了同时满足节约水分和减少热量积聚这两个条件，干热地区的橡树通常比凉爽地区的橡树进化出了更小但是更厚的叶片。它们的表面还充满了丰富的蜡质层来帮助叶子最大限度地减少水分流失。此外，许多西部的橡树比东部的一些巨型橡树要矮一些，它们更容易被更新世的大型哺乳动物接触到。这些哺乳动物是近代重要的生态力量；因此，美国西部这些橡树的叶子边缘进化出了保护性的冬青状的刺作为防御手段。最后，我们不要忘记，生态上不止一种方法可以达到目的。也就是说，对于上述叶片的生理限制有不止一种进化妥协的解决方案。例如，柳叶栎和水栎（ *Q. nigra* ）通常生长在相似的南方栖息地，但它们的叶片形状却非常不同。柳叶栎的叶片又小又窄，而水栎的叶子较大并且在末端张开。你可能会认为柳叶栎的生长速度会因为叶面积小而受到影响，但柳叶栎通过发育出比水栎更多的叶子来弥补它们叶子小的缺陷。因此，即使柳叶栎的叶面积不比水栎大，它们也生长得同样快。

The
Nature
of Oaks

June

六月

　　1987年6月中旬的一天，当我开车沿着I–95号公路前往马里兰州的一个研究地点时，汽车挡风玻璃上的一声猛烈撞击吓了我一跳。是什么东西？玻璃上的污迹表明那是一只相当大的昆虫。但现在还不是螳螂、螽斯或成熟的蚱蜢的活动季节（太早了）。我的车窗被不断地猛击！突然间感觉周围全是撞到我车上的东西：马路上，半空中，地面上，到处都是。强烈的好奇心促使我在路边停下了车子；当我下车后我立即发现我正处在一场17年一遇的蝉的爆发之中。哇！自我六年级在新泽西遇见过一次后，就再也没有见过如此壮观的场面了。

周期蝉

　　周期蝉展示了自然界最令人印象深刻的同步性和缓慢的发育节奏。蝉有时会被错误地称为十三年或十七年蝗虫（真正的蝗虫是蚱蜢的一种）；因为蝉的生命周期为十三年或十七年，所以正确的叫法应该是十三年蝉或十七年蝉。所有种类的蝉都是蚜虫、角蝉和其他半翅类昆虫（hemipteran）的远亲。蝉类并不是像蝗虫那样用下颚咀嚼食物，而是用短吸管形状的口器吸取食物。对于包括蝉在内的许多昆虫来说，吸吮型口器很高效；但让它们在未成年时（即幼虫）选择吸吮树根的木质部是一个不值得称赞的做法。尽管根部的木质部非常多，但从营养价值方面来说它只是含有大量的水分，几乎不含氮，碳水化合物也很少。幼蝉还需要强大的吸吮肌将这些毫无营养的水分从植物的根部吸出。这一切与植物的韧皮部形成了鲜明对比，韧皮部比木质部携带更多的营养物质，而且处于由内向外供给的正压力状态。如果像蚜虫这样的昆虫将口器插入韧皮部，它根本不需要吸吮，韧皮部的汁液就会自己流出来。这就是周期蝉需要十多年才能成熟的原因之一；从体量上看，它们的食物中绝大多数是水，并且必须非常努力地工作才能得到它们！

　　美国的周期蝉共有7个物种（其中3个物种每17年出现一次，4个物种每13年出现一次）。根据它们出现的同步性、地理分布和成熟所需的时间周期，我们可以将周期蝉分为23个群系。在美国的大部分地区（例如马里兰州）既有十三年蝉也有十七年蝉，这就很难跟踪到即将出现的周期蝉属于哪一个群系。但一般来说，美国北部的州，一直往西到内布拉斯加州，只有十七年蝉；而南部腹地只有十三年蝉群系。周期蝉的出现会非常壮观，它们会以数百万计的数量同时出现。我们称它们为周期蝉是为了将它们与北美150多种一年生蝉（annual cicada；每年的仲夏都会以成虫的形态出现）区分开来。每年我们都能见到一年生蝉，再加上这个名字的字面意思，很容易让人误以为它们的生命周期似乎只有一年。事实并非如此！像周期蝉一样，一年生蝉也需要花数年的时间在地下的根上发育，但与周期蝉不同的是，它们不是同步孵化一起出现的。相反，每个种群中每年都会有一些个体冒出地面。

　　周期蝉除了它们会突然同时大量涌现的特点外，它们响亮而连续的鸣声也是一个令人难以忘记的特征。所有种类的蝉都是通过它们鼓室（腹部两侧的一组肋状结构）来交流。鼓室两侧强壮的肌肉会拉紧或松开这些肋状结构，每次活动都会发出类似于用手指挤压和松开易拉罐发出的那种咔嗒声。但与挤压易拉罐不同的是，鼓膜肌以每秒300到400次的速度快速地让肋状结构变形，从而使得咔嗒声混合成一种响亮的蝉鸣声。这种声音被位于每个鼓室下方的凹形共鸣室放大，最终产生了所有动物中最响亮的声音之一。有一次在哥斯达黎加的森林里，那里的蝉鸣是如此之大，以至于我走路时不得不用手捂住耳朵。并不奇怪的是只有雄性蝉才会通过鸣叫来吸引雌性的注意。如果雌蝉听到附近有雄蝉，而且它能接受并喜欢雄蝉发出的声音，雌蝉就会拍打翅膀。雄蝉听到雌蝉传出的声音后，就会向雌性靠近。在几次蝉鸣和拍打翅膀之后，这对新人便结合在一起，开始交配。

　　尽管年轻的蝉（若蝉）是在地下发育的，但是成年的雌蝉是通过强壮坚韧的产卵器切开细嫩的树枝并将蝉卵一排排地产在寄主的嫩枝上。一旦进入嫩枝，卵就会吸收水分并发育成熟。六周以后，蝉卵就会孵化出若蝉，若蝉落在地上，它们就开始努力往土壤中钻，直至找到树根。一旦找到合适的树根，若蝉就将口器插入树根的木质部吸取营养，直到完全长大。在良好的条件下，一棵成熟的树的根部可以容纳2万到3万只若蝉，并且这些若蝉不会显著影响树木的生长。这些若蝉经过一定时间的发育以后，它们会在合适的时机爬到地面上来，并且在一两天内蜕皮进入成虫阶段。在地下生活多年以后的这种同步的蜕变真是一个惊人的现象。至于这些蝉是如何做到同步蜕变的，仍然是一个谜。有些线索表明这种同步性可能是由于土壤的温度或木质部所含的某些物质导致的。不管是哪条线索，当蝉从地下钻到地面的时候，若蝉都会在出口处留下一个约1.3厘米的洞。当这样的洞同时大量出现后，看起来就像有人在每棵寄主树下的土上钻过洞一样。当若蝉变为成虫以后留下来的当然还有它们蜕变后的蝉蜕。通常来说，若蝉会爬到几十厘米高的树干上脱壳；但是如果树干资源短缺，它们就会在地上脱壳。蝉蜕是由几丁质组成的一种非常耐用的材料，它们可以保留好几个月，以提醒人们注意这一特殊的昆虫学事件。

若蝉为什么要在地下待满13年或17年之久？我前面给出的观点是"木质部是一种营养资源非常匮乏的组织，若蝉靠木质部的营养需要很多年才能完成它们的发育"。但是肯定还有别的原因。首先，有充分的证据表明，一些大型一年生蝉物种可以在短短四年的时间里完成它们在地下的发育。

那么，是什么因素导致一些蝉类在地下的发育时间出现了额外的延长呢？生态学家认为对这种稀奇而极端的生命周期最好的解释是捕食者饱和策略，非常相似的橡树结实大小年就能够很好地解释这种周期性的现象。周期蝉通过在地下生活13年或17年来保护自己免受伤害以外，它们还有其他两种方式降低被捕食的概率。首先，周期蝉的大规模同步出现在数量上以绝对的优势压倒捕食者的种群。简单的解释就是：根本没有足够数量的松鼠、鸟类、北美负鼠、浣熊、狐狸和其他捕食者一次性大规模地吃掉所有的蝉。因此，即使大部分被捕食，也有许多周期蝉能存活下来产卵。其次，这种长时间的间隔导致任何一种捕食者无法成为周期蝉的专性捕食者——就像杀蝉泥蜂（*Sphecius speciosus*）专门捕食一年生蝉那样。从进化上来说，如果像杀蝉泥蜂这样的蜂决定只捕食周期蝉，那么它们必须将世代间隔保持在13或17年，即使是有周期性的足够的食物，也不能证明这种权衡是合理的。

上次见到周期蝉爆发是在2004年，那时我的橡树只有四岁。我预计我家这边的周期蝉将在2021年再次爆发。不管我的橡树在2004年时是否足够大到能吸引雌蝉产卵（还有待观察），但现在肯定足够大了。周期蝉和许多其他类型的昆虫一样都最喜欢将橡树作为它们的寄主树，我非常期待2021年能够在我们的院子里听一场相当大的蝉鸣音乐会！

橡树角蝉

六月还有一群周期蝉的近亲生活在我的橡树上，尽管它们与周期蝉相比并不起眼，但它们是非常地迷人。事实上，你必须刻意地去寻找这些在树枝顶端吸取植物汁液的蝉类才能知道它们的存在。这些蝉类就是所谓的橡树角蝉，其中凿冠角蝉属（*Smilia*）、短冠角蝉属（*Atymna*）、小刺冠角蝉属（*Microcentrus*）和栎角蝉属（*Platycotis*）中的一些物种是专门生活在橡树上的。所有这些角蝉都有一双有力的后腿；当它们受到干扰时可以靠有力的后腿跳出比小小的身体长几倍的距离。有些人也把它们称为刺虫（thorn bug）：它们胸部第一节的上部，也就是它们的前胸背板，通常会扩张成奇怪的形状（其中一些看起来就像玫瑰的刺）。橡树角蝉的前胸背板与许多其他物种相比并不大，但足以将它们与其他所有昆虫区分开来。没有人真正知道为什么角蝉会有前胸背板。前胸背板可能有以下几个方面的作用，包括：（1）防御作用（一些角蝉前胸背板有一到几根尖刺，这肯定会让鸟类或蜥蜴难以吞下它们）；（2）隐蔽作用（那些前胸背板上的刺很像有刺植物茎上的刺，当它们停留在这些茎上时，让捕食者难以发现）；（3）拟态伪装（一些角蝉的前胸背板与令人厌恶的、会蜇人的蚂蚁非常相似，从而成功地躲避捕食者）。

角蝉的外表很有趣，但是当我们驻足仔细观察的时候就感觉它们不那么有趣了。因为它们大多数时间都只是待在树枝上吸吮汁液。然而，有些种类的角蝉在繁殖方面确实脱颖而出，甚至在这方面比大多数其他昆虫更有智慧。它们不会在产完卵后就离开，例如，雌性的带栎角蝉（*Platycotis vittata*）不仅要守护到卵孵化，而且要守护到它们的幼虫成年。

父母的悉心照料在动物中非常少见；由于悉心照料是非常消耗繁殖资源的，所以在昆虫中就更为罕见。雌性的橡树角蝉在保护一群后代的过程中会牺牲它们产生更多后代的机会。橡树角蝉的这一行为与大多数其他昆虫，甚至与其他大多数角蝉形成了鲜明的对比；大多数物种不会在一批后代身

骆驼角蝉（*Smilia camelus*）一种橡树角蝉）在门廊的灯光下比在橡树上更容易看到，因为它会与橡树融为一体。

上投入大量精力，而是在不同的时间和空间里进行繁殖。通俗地说：它们不会把所有的鸡蛋放在一个篮子里。相反地，它们会产很多批次的卵，并且每次都在不同的地方；它们在一个地方产卵以后，会立即离开这些卵，然后去下一个地方产更多的卵。就后代的存活率而言，这种策略的效果和守护后代的效果是一样的；因为捕食者和寄生蜂会发现一些批次的卵但不是全部。不用守护和悉心照料的雌蝉不会守着同一批卵，所以它们会产下更多的卵；而且这样往往能够有更多的后代存活下来（Tallamy 1999）。

　　那么问题来了："在有更好的繁殖策略情况下，为什么雌性的栎角蝉（*Platycotis*）会采用母性关怀（maternal care）作为生殖策略呢？"这是一个让我花了好几年才找到

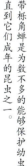

带栎角蝉是为数不多的能够保护幼虫直到它们成年的昆虫之一。

答案的好问题（Tallamy and Brown 1999）。如果把具有母性关怀特征的昆虫和没有母性关怀特征的昆虫进行比较，你将会发现一个惊人模式。除了少数例外，采用母性关怀作为繁殖策略的昆虫都是一生产卵一次的物种（也就是说，它们一生只产一窝卵）；而那些没有母性关怀特征的昆虫是一生多次产卵的（也就是说，这些昆虫在死前会产很多次卵）。

"什么时候母性关怀特征是一种进化的选择？什么时候母性关怀不是一种进化的选择？"我想产卵次数就是解释这一问题的关键。母性关怀的生态成本确实是失去了更多的繁殖机会（例如，因为这个季节没有足够的时间，或因为抚养幼崽所需的食物是短暂季节性的）；但如果没有未来的繁殖机会，那就没有保护后代的成本。在这种情况下，保护幼崽不被敌人伤害，比产下许多卵后离开是更有意义的。然而，在没有季节或资源限制的情况下，母性关怀的成本太高，根本无法维持下去。

带栎角蝉就是母性关怀这种现象的一个完美例子。带栎角蝉会在每年的春天和秋天分别繁殖后代。因为橡树只有在春秋两个季节可以在维管系统中调动养分，所以带栎角蝉的若虫只能在这两个季节发育。在春天，越冬的雌蝉会像它们的近缘物种一样在橡树枝上产卵，而且正好是在芽发育前产卵。当营养物质从根部被输送到正在生长的茎尖时，卵也孵化了。带栎角蝉的若虫正好可以在这个时间节点截取橡树嫩枝上的这些营养物质，并利用它们快速成长为成年个体。若蝉成长得越快越好，因为从橡树的叶片开始成长直到秋天，营养物质全部储存在叶片中而不会在树的维管系统中流动。这就意味着带栎角蝉在整个夏天都不能繁殖！带栎角蝉的成年个体在春季繁育一代后会在整个夏季等待秋天产卵季节的到来，因为秋天养分会从叶片运输到根部储藏起来以便更好地度过冬天。因此，对于带栎角蝉来说，反复地产卵繁殖并不是一个可行的选择：在春季和秋季两个养分充足的季节，没有足够的时间让雌性带栎角蝉繁育一窝以上幼虫。因此，带栎角蝉做出的最有意义的选择是花时间和精力去守护它们的第一窝后代，而不是离开它们去繁殖更多后代。

成年的橡树角蝉平常并不容易见到，大多数人只在晚上门廊的灯光下遇到过。但是你可以在春天和秋天的橡树细枝上看到排成一排的栎角蝉。这两个时间段是欣赏它们美貌的好机会；同时，也可以让我们来思考角蝉、橡树内部的营养运输和角蝉天敌之间的相互作用。

六月的毛毛虫

在大多数地方，橡树上毛毛虫的数量在六月份最少，这并不是因为这些毛毛虫在六月份故意避开了橡树，而是因为繁殖的鸟类已经吃掉了大部分橡树上的毛毛虫。剩下来的毛毛虫要么是因为太小了且隐藏在紧密卷曲的叶边或叶堆里，鸟类不屑一顾或者无法对付它们；要么就是非常神秘地伪装起来并逃过了鸟类的捕食。对于"神秘的伪装"这一点来说，肯特尺蛾（*Selenia kentaria*）是一个令人诧异的经典例子。不论是从堪萨斯州东部到大西洋，还是从加拿大到佐治亚州，肯特尺蛾都是令人佩服的树枝模仿者，它经常能够逃脱鸟类的捕食和迷惑人类的视线。如果你想观察肯特尺蛾是否生活在你的橡树上，最好的方法是用一张振布（beating sheet）来收集（见第120页的补充内容：收集毛毛虫）。它们的数量不多，但对自然博物学家来说，看到一只晚期的幼虫确实很养眼。从它们在树枝上的姿势，到它们的自然背景颜色，再到围绕它们后三分之一部分的地衣状纹样，你会发现肯特尺蛾是完美的树枝模仿者，它们与背景的相似度高到令人惊叹。

肯特尺蛾经常能逃脱鸟类的捕食，因为它长得很像树枝。

花丝尺蠖用四个可膨胀的球棒式结构，保护自己免受丽蚜小蜂的攻击。

在橡树上还居住着另外一种同样非常奇怪的物种，名叫花丝尺蠖（*Nematocampa resistaria*）。如果这种毛毛虫躲过了鸟类的捕食而幸存下来，那么它的主要敌人就是丽蚜小蜂（*Encarsia formosa*）；这种寄生蜂会不断试图降落在尺蠖背上，并注入一个或多个卵。花丝尺蠖这个名字很贴切，因为它的背部外骨骼有四个可膨大延伸的结构（丝状物）。这些丝状物像挥舞的水螅的触手，可以在寄生蜂有机会将卵插入尺蠖体内之前将其赶走。这些丝状物的结构是中空的，通过抽走或注入血淋巴（毛毛虫的血）可以使这些丝状物收缩或迅速膨胀。只要轻轻地触摸这个触手一样的丝状物，它会很高兴地展示这种不同寻常的适应能力。

收集毛毛虫

收集毛毛虫的一种常见方法是用一张振布。只要把振布放在你想采集的树叶下面，用棍子轻轻敲打树枝。然后，毛毛虫就会掉到振布上，这样就便于我们检查、拍照或收集它们了。你不用猛烈地敲打树枝，这样会伤到橡树的树皮；此外，促使毛毛虫掉落的是一种出其不意的惊动，而不是展示武力。如果毛毛虫毫无防备，那么毛毛虫就可能因树枝震动而掉落；然而，一旦毛毛虫感觉到有动静，它们就会紧紧抓住树枝不放，很难松开。

↓
拍打树枝，用振布接毛毛虫。

两个头胜过一个头

据我们所知，橡树为美国897种蛾类的生存和发展提供了支持；但由于某些原因，仅仅有33种蝶类将橡树作为幼虫的寄主植物。然而，其中有15个物种是来自灰蝶科（Lycaenidae）被称为"hairstreak"（翅上有细纹）的灰蝶。这些专门以橡树为生的，如褐背青小灰蝶（*Parrhasius m-album*）、加州洒灰蝶（*Satyrium californinica*）和条带洒灰蝶（*S. calanus*）的毛毛虫，看起来和普通的毛毛虫完全不一样。所有的灰蝶科的毛毛虫长得都差不多，它们看起来更像分节的、柔软的蛞蝓。你根本分不清它们的前后端，因为它们的头隐藏在前胸里；所以当你俯视它们的时候，你会发现它们的前端和后端都一样。这些灰蝶的毛毛虫移动非常缓慢，吃东西也非常慢，所以能很好地融入周围的环境中。

然而，灰蝶成年以后就更有趣了。它们是一类经常安静地在花上采蜜或在叶子上休息的乖巧的小型蝴蝶。对我们来说，灰蝶的这种乖巧可以让我们把相机靠近它们来拍照。但是我敢打赌它们的这种乖巧是另有原因的。与许多其他蝴蝶一样的是，灰蝶也会将翅膀直立在身体上方；但不同的是，灰蝶的翅膀是保持不动的，不会像其他大多数蝴蝶那样不断地抬起或放下翅膀，更不会以任何方式拍打翅膀。当你观察静止的灰蝶时，你看到的是它们翅膀的底面；通常，它们后翅下缘部有一个橙色或红色的斑点。令人困惑的是,斑点处还会叠加一个明显的黑点,且每个后翅都有一根细细的尾突。看起来就像一对天线一样。显然,把所有的这些特征结合在一起,给我们最直观的想法就是:"像有眼睛和触角的蝴蝶头部。"

　　一百多年来,人们对灰蝶"假头"的解释是为了将鸟类的注意力从蝴蝶的真头上转移开。鸟类通常会试图攻击昆虫的头部来快速杀死它们。所以,如果自然选择使鸟类认为蝴蝶的头部实际位于蝴蝶的后端,那么,当一只鸟攻击它时,只会吃得一嘴翅膀,而灰蝶却能够从中逃脱。这个解释看起来似乎非常合乎逻辑,但有些地方又说不通。首先,灰蝶是一种小型昆虫,对大多数鸟类来说不是一顿大餐。那么鸟类捕食灰蝶的频率到底能有多高呢?其次,后翅上的假头比蝴蝶的真头部还要小,一只鸟真的会被假的头部误导而在捕食时攻击蝴蝶的后翅?最后,如果一只鸟(或一个用捕虫网捕虫的人)追赶一只灰蝶,蝴蝶常常直接向着太阳飞去;如果捕猎者坚持追赶,刺眼的阳光会导致捕猎者暂时失明。毋庸置疑,飞向太阳的方法躲避捕捉的效果就很好;那么,它们为什么要费事弄一个假脑袋呢?

　　2013年,安德烈·苏拉科夫(Andrei Sourakov)发表的一篇关于灰蝶行为的论文,解决了上面的这个问题。他注意到,当灰蝶停留在树叶或花朵上时,它们不像看起来那样一动不动;它们后翅上的假天线会不断地交替上下摆动,就好像它们是真正的触角一样。这些动作太微妙了并且很难觉察，这不可能是为了防御鸟类的捕食而进化出来的；但是它们成功引起了跳蛛（Salticidae）的注意。跳蛛的捕猎方式就像它们的名字所暗示的那样：它们有非常好的眼睛（实际上有8只眼睛），当发现昆虫时，它们就会一下子扑上去。跳蛛是一种非常神奇的跳跃者，它们能锁定很远地方的猎物，当捕杀猎物时它们可以跃出自己体长50倍的距离；在这么远的距离以外，猎物甚至都不知道蜘蛛就在它们附近。跳蛛和鸟类一样，它们总是朝猎物的头部扑过去。跳蛛经常捕食比自己大几倍的猎物，所以它们必须快速猎杀，否则这些强壮的猎物就会逃脱。苏拉科夫通过一系列简单的实验证明了细

像所有的灰蝶一样，俏灰蝶的后翅上能看到一个假头。

纹蝶的假头部对饥饿的跳蛛来说是极具诱惑力的。因此，跳蛛总是跳到细纹蝶真头部的反面（也就是后翅的假头部）。通常情况下，当被跳蛛捕食假头部的时候，细纹蝶翅膀上的假头会折断，让它得以成功逃脱；虽然细纹蝶的翅膀会有点受伤，但仍然活着就是最大的成功。因为跳蛛是植被上数量最多的捕食者之一，所以，如果你是一只灰蝶的话，保护自己不让看不见的敌人伤害到自己的能力是很重要的!

　　橡树上大多数灰蝶的毛毛虫都是通过吃绿色树叶的这种经典方式发育成蝶的。但也有像俏灰蝶（*Calycopis cecrops*）这样的例外。俏灰蝶选择了一条完全不同的路线：它们不吃新鲜的橡树叶，而是在橡树下的落叶中靠吃枯萎的叶子度过毛毛虫的生命阶段。众所周知，叶子在枯萎前就已经把大部分营养物质输送到树根中了，所以枯叶的营养价值极低。是

像这种来自亚利桑那州的美丽的跳蛛经常被灰蝶翅膀上的假头所愚弄。

什么样的选择压力促成了如此违背常理的生活习性？我们也只能猜测一下了。其中的一个猜测就是也许落叶中的捕食者更少（尽管这很难想象）。但俏灰蝶并不是唯一在落叶上生长的鳞翅目昆虫；仅美国就有大约70种蛾类以橡树枯叶为食。所以这种奇怪的幼虫的食谱一定是另有其因的。俏灰蝶是我们最常见的灰蝶科物种之一，但我不会花很多时间去寻找它们的幼虫；因为它们在成千上万的棕色橡树叶中几乎不可能被发现。然而，知道了它们的生存环境以后，就给了我们另一个支持它们理由；我们可以在我们的院子里为橡树落叶和它所支持的丰富生命创造一个安全的避风港。

在所有依赖橡树生存的灰蝶中，爱氏洒灰蝶（*Satyrium edwardsii*）是最不寻常的一种。从外观上来看，它与其他灰蝶相似：翅下呈灰色，上面有一排排虚线点。事实上，在野外区分不同种类的灰蝶对我们来说是一项挑战，它们的毛毛虫看起来也差不多，但在行为上却有明显的不同。爱氏洒灰蝶的卵在冬天就像粘在橡树细枝上的鸡蛋一样。橡树发芽后不久，爱氏洒灰蝶的卵孵化，小毛毛虫开始吃橡树的嫩叶和柔荑花序。随着毛毛虫的长大，它的腹部发育出能够分泌一种含有糖类物质和氨基酸（是构成蛋白质的重要组成部分）的腺体。这种混合型分泌物对蚂蚁非常具有吸引力；当它们发现毛毛虫能够生产这种有价值的食物补充剂时，蚂蚁就会将毛毛虫保护起来免受捕食者和寄生蜂的攻击。

到这部分描述为止，爱氏洒灰蝶同许多与蚂蚁有互惠共生关系的灰蝶是一样的，为了换取糖和氨基酸，蚂蚁保护毛毛虫免受捕食者的伤害。但是，当爱氏洒灰蝶的毛毛虫长到三龄（大约长了一半）时，它们会做一些其他灰蝶毛毛虫不会做的事情：在黎明来临时从橡树上爬下来，进入它们的守护蚁用落叶建造的一种保护巢穴。整个白天它们会成群地在巢穴里休息；当夜晚降临时，它们又会爬回寄主树并在整晚食用树叶。在毛毛虫的每一次移动过程中，蚂蚁都会严密地保护着它们。这些毛毛虫就在黎明时从树上下来，黄昏时又回到树上，它们就这样日复一日地有规律地重复着，直到每条毛毛虫都长到正常大小。这时，毛毛虫会最后一次沿着树干爬下来进入它们的巢穴，并在那里形成蝶蛹。十天后，它们羽化并展开翅膀，最后一次爬出巢穴，开始了作为蝴蝶的新生活。

The Nature *of* Oaks

July

七月

　　不久前，我收到了一封来自东海岸马里兰州的一位房主的电子邮件。她为橡树枝上生长的槲寄生而苦恼。她在邮件中问道："这种入侵的寄生植物正在杀死我的橡树。我该喷点什么东西才能除掉它们呢？"在回复她的邮件中，我一开始先向她澄清了这种被称为槲寄生的植物的地理来源（实际上是肉穗寄生，和槲寄生同属檀香科）。它不是入侵物种（取代本土植物群落的非本地物种），而是本地物种；并且正在对橡树做着些它一直在做的事情。大多数情况下，它们的存在并不影响橡树的生存和生长。如果树上有大量的寄生植物，当出现非常少见的极端和长期干旱情况时，它们才会削弱甚至偶然杀死橡树。栖居在橡树上的肉穗寄生属（*Phoradendron* spp.）植物是半寄生的，这意味着它们只有一点点寄生特性。它们98%的能量是通过自己的绿叶进行光合作用获得的；但它们确实会把根扎进寄主的树枝里，这些根穿过寄主木质部并吸收水分。研究表明，肉穗寄生（*Phoradendron californicum*）是一种寄生在几种西部橡树上的半寄生植物；它对寄主橡树没有不良影响，更像是一种附生植物而不是寄生植物（Koenig et al. 2018）。所以说，这些附着在树枝上的空中灌木就是一种附生植物！肉穗寄生在秋天开花，而结出的浆果于冬末成熟。这些浆果通常是冬天结束前唯一可用的浆果，尤其是对蓝鸲来说。我的建议是：
"如果你的橡树上的'槲寄生'密度正常，什么都不用做；
如果你想为你的爱人制造浪漫的话，你可以在这些长有'槲
寄生'的橡树下亲吻他/她。"

细尾青小灰蝶

　　假如你住在美国南部的任何一个州，并且能容忍你的橡
树上有一些肉穗寄生，你就可能足够幸运地拥有一群细尾青
小灰蝶（*Atlides halesus*）。毫无疑问，细尾青小灰蝶是美国
数量最多、最令人惊叹的灰蝶。像许多鳞翅目昆虫一样，它
们是一类专门以肉穗寄生为寄主植物的蝴蝶。细尾青小灰蝶
实际上是一种热带物种，其分布范围南至巴拿马；但随着肉
穗寄生在上一个冰期后向北迁移，这类专性寄生的蝴蝶也跟
着它们来到了北美。在大多数地方，细尾青小灰蝶每年会繁
殖三代，所以你有足够的机会观察到这些美丽的蝴蝶。雄性
蝴蝶通常会站在树梢上，希望能探寻并拦截正在寻找肉穗寄
生的雌性。其实如一枝黄花（*Solidago* spp.）、狼牙棒花椒
（*Zanthoxylum clava-herculis*）、甜胡椒（*Clethra alnifolia*）
和美洲李（*Prunus americana*）等雌雄花都有花蜜的植物，
为我们观察这一现象提供了最佳机会。
　　细尾青小灰蝶和珍截夜蛾（*Emarginea percara*）在它们

细尾青小灰蝶以橡树上的肉穗寄生为寄主植物。

细尾青小灰蝶的色彩很鲜艳，但是在幼虫时期却能很好地融入肉穗寄生单调的叶色背景中。

珍截夜蛾是生活在肉穗寄生上的令人惊叹的隐匿专家，
你可以在有肉穗寄生和地衣的橡树上找到它。

的活动范围内，共享肉穗寄生。珍截夜蛾是一种小飞蛾，因
为它完美地模仿了装饰橡树树枝的地衣的颜色而受到喜爱。
你不太可能通过搜寻肉穗寄生找到珍截夜蛾的毛毛虫，也不
可能通过搜寻地衣找到它们的成虫；因为它们的保护色实在
是太出色了，用不了多久你就会认输的。不过，幸运的是，
珍截夜蛾晚上很容易出现在灯光下。无论我遇到多少次这种
美丽的飞蛾，我都忍不住想要再一次给它们拍照。

黄衣织叶蛾

　　许多毛毛虫在橡树叶的上表面啃食；当它们吃叶子的时候，会把叶脉之间的实质细胞组织吃掉。这种取食方式被称为"骨架化"，因为它能使叶子的"骨架"完好无损。但是叶面是一个危险的容易暴露的地方，所以许多物种用丝线将另一片叶子绑到它们取食地点的上方，盖起来，形成一个遮蔽，这样就不容易让饥饿的鸟类和蜘蛛找到它们。展现出这种行为的最漂亮的毛毛虫也许就是黄衣织叶蛾（*Rectiostoma xanthobasis*）了。这个衣冠楚楚的小家伙的外形和它的名字很贴切，因为它看起来就像一个穿着黄色背心的管家。七月中旬，从欧扎克（Ozarks）向东一直到佛蒙特州北部，大部分有橡树生长的地方都能找到它。

黄衣织叶蛾是橡树上最艳丽的「雕叶虫」之一。

螽斯

很久很久以前，有一位名叫凯蒂（Katy）的年轻女子爱上了一位英俊的年轻男子。唉，遗憾的是他对她没有感觉，结果他娶了另一位女子。不久之后，他和他年轻的新娘被发现在床上中毒身亡。是谁犯的罪？到底是怎么回事一直没有定论。有人说，树上的昆虫看到了那天晚上所发生的一切；因此，每年夏天它们都会唱"凯蒂做的，凯蒂做的"（Katy did，即螽斯的英文 katydid）来解开这个谜团。至少传说是这样的。

我很幸运，从4岁到20岁的每年夏天，我都有很长一段时间能和家人一起去新泽西北部露营。我们每年夏天露营冒险的一个重要时间点就是各种各样的螽斯（像蚱蜢一样的大型昆虫）在七月中旬将开始它们的夜间齐声鸣叫；这个时间点就标志着我们的露营时光已经度过了一半。螽斯在夜晚的齐声鸣叫不仅喻示夏天已经过去了一半，而且还能告诉我们每晚大致的时间。在我们帐篷上方的橡树上，午夜前的螽斯鸣叫声是最响亮的；之后，它们的鸣叫声会越来越小，直到凌晨4点左右就会完全安静下来。对我来说，成百上千只这种直翅目昆虫发出"凯蒂做的，凯蒂做的"这种鸣叫声重叠在一起是一种响亮而舒缓的白噪声。每年夏天，我都期待着这场螽斯齐鸣的时刻，也许是因为它的可靠性帮助我在人生

茶拟叶螽是四种『真树螽』之一，经常在以橡树为主的森林中出现。

的快速过渡时期站稳脚跟。

　　螽斯属于螽斯科（Tettigoniidae），有长角蚱蜢的俗称，那是指它们拥有异常细长的触须。北美一共有262种螽斯科物种，它们一生都在橡树和其他落叶树的树冠上度过；其中只有4种俗称为真树螽（拟叶螽亚科下的 *Pterophylla* 属）的物种。在这些物种中，雄性是天生的歌手；它们通过摩擦产生歌声，也就是用身体的一个部件摩擦另一个部件来发声。就螽斯而言，在它们一个翅膀的前端有一个刮器（scraper），而在另一个翅膀的同一位置上有一个发声锉（file）。它们通过不停地重复"轻轻抬起翅膀并快速回到原来位置"这一动作，使刮器与发声锉不停地互相摩擦而发出一种令人惊讶的、响亮的、特有的歌声。这个摩擦声怎么会如此之大呢？因为很久以前，雌性螽斯认为声音大的雄性比安静的雄性更适合做伴侣。这并不是一个毫无根据的进化决策。螽斯的歌声音量与雄性体型密切相关，声音大的雄性体型也较大。而这正是雌性真正追求的，因为体型较大的雄性可能拥有更好的基因，当然也可以将精子囊中更多的营养物质传递给雌性（Gwynne 2001）。

和大多数动物一样，雌性螽斯对配偶的选择是非常挑剔的。毕竟，它们更希望后代的父亲携带高质量的基因，而如果与任何老年雄性交配都会让这个目标变得缥缈。但这也给雌性螽斯带来了一项挑战：如何区分一个雄性个体携带的是优质基因？自然选择擅长解决这类问题。与直接判断雄性个体的基因质量不同，自然选择更倾向于让雌性个体通过追求者提供的结婚礼物来选择雌性个体最称心如意的雄性。

这里假设是只有高质量的雄性才能提供高品质的礼物。任何希望在求婚之夜得到钻戒的人都应该能够理解这种择偶的方法。送给雌性螽斯的最好礼物是什么呢？来一包富含蛋白质的食物怎么样？以下三个方面对雌性如何选择雄性来说非常有效：首先，这个礼物是很容易评估的东西（比如：大包装比小包装更好）；其次，包装尺寸精确地描述了雄性品质（高质量的雄性比低质量的雄性更有可能制作大包装的礼物）；最后，婚礼礼物中的营养物质可以直接进入正在发育的卵子，并以此来提高繁殖效率。

这一切是如何运作的呢？雄性螽斯在你的橡树树冠上唱

歌，雌性通过类似于人类耳朵的器官听到雄性的歌声。这个器官的洞口上有一个紧绷的膜孔，可以接收空气中的振动。当然，这个听觉器官与人耳的位置还是有区别的，螽斯的听觉器官在前足的胫节上，而不是在螽斯的头上。当雄性螽斯歌唱时，通常会有很多雄性同时唱歌。这就给了雌性一个选择的机会，它总会朝着唱歌声音最大的雄性走去。当它们相遇时，雌性允许雄性将一种叫作精包的结构附着在她的生殖器末端。

　　精包分为两个部分：精荚是一个装着雄性精子的小囊；而精护是一个大得多的里面装满了营养物质的囊。一旦精包附着在雌性生殖器上，有两件事就会迅速发生：一是精荚开始将精子泵入雌性体内，这一过程大约需要20分钟才能完

雄性将精包交给雌性后，雌性立即开始吃掉其中的一部分；但如果它足够大，里面的精子就有时间在雌性吃掉它之前转移到生殖道内。

成；与此同时，雌性把头弯到身体下面，开始吃精护。从现在起，精彩的比赛开始了。如果精护不够大，雌性会在精荚排空精子之前把它吃完（把精荚和里面的精子一起吃掉）。但如果雄性能够产生一个大的精护，当雌性还在吃精护时，精荚就已经成功地将所有精子转移给雌性了。因此，自然选择一方面使雌性能够识别出拥有最佳结婚礼物的体型最大的雄性（可能还有最好的基因）；另一方面，雄性可以长得比竞争对手大一些，用更响亮的歌声来表明自己的体型更大。这种性选择的形式已经为螽斯服务了数百万年，并且是其他直翅类昆虫同伴的共有特征。

在我小时候，伴我入睡的歌声是由一种最常见的"真树螽"——茶拟叶螽（*Pterophylla camellifolia*）——发出来的。它遍布北美东部树木繁茂的地区。尽管它是树梢上的居民，但在秋天接近生命尽头时，它经常会掉落到地上（"真树螽"不会飞！）。雌性和雄性很容易区分开来，雌性有微微弯曲的、扁平的产卵器；这种结构从昆虫身体的末端凸出来，雌性利用它将大而平的卵粘在树皮的缝隙里。因为它们一生都是在饥饿鸟类的视线范围内度过，所以对像树叶一样的螽斯进行了激烈的自然选择。有些螽斯的拟态甚至逼真到翅膀上都有纹络，看起来就像真的叶片的中脉和侧脉一样。这种形式的保护色在热带地区的螽斯中尤其令人惊讶，在那里你会经常能发现翅膀颜色模仿地衣斑块、腐烂的叶子边缘、毛毛虫啃食的形态，或者在同一个翅膀上存在以上三种模仿方式的。相比之下，北美螽斯的拟态程度并不高，但仍然令人印象深刻。

刺蛾和其他毛毛虫

许多人都有人生愿望清单（他们希望在死前去的地方和要做的事），我也不例外。然而，我清单上的这些项目可能有点不是很传统。我想看到并拍摄大自然最不寻常或最美丽的创作。我这里已经有一个相当长的人生愿望清单了。但幸运的是，许多这样的大自然的创作就出现在了我们的院子里，而我正在慢慢检查我的目标。我名单上的早期成员之一是玻璃丝刺蛾（*Isochaetes beutenmuelleri*）的毛毛虫。当然，这不是一个吸引人的名字，但这个世界上很少有东西比它更精致美丽了，我随时都可以在去泰姬陵的旅途中遇到这种蛾子的幼虫。

在我的橡树上也发现了几只玻璃丝刺蛾的毛毛虫，我当时的研究生布莱恩·卡廷（Brian Cutting）第一次让我认识了它。他在我的院子里收集攻读硕士学位的数据，在一棵橡树上发现了一只成熟的玻璃丝刺蛾毛毛虫样本。这种蛾之所以如此命名，是因为它们有蓝色的色调和巧妙"纺制"的玻璃蕾丝花边结构。几十条精致的拱形细丝从毛毛虫的背脊上升起，每条细丝上都装饰着几个玻璃状的小球，看起来就

玻璃丝刺蛾的幼虫和成虫；
毫不意外，毛毛虫看起来像精致的玻璃丝作品。

像蓝色的喷泉一样从它的两侧倾泻而下。玻璃丝刺蛾是刺蛾科的物种，它们的毛毛虫看起来有点像蛞蝓；因为从上方看不见它们的头，而且它们的腿很短小，看上去似乎像是在树叶上慢慢地滑动，而不是像其他毛毛虫那样走路、爬行或绕圈。不过，这是它们与真正的蛞蝓唯一相似的地方，因为它们一点也不黏糊糊的，而且几乎所有刺蛾都有鲜艳的颜色。

当布莱恩发现玻璃丝刺蛾的毛毛虫时，为了拿给我看，他把它放进了一个玻璃罐里。我激动不已，抓起相机就拍摄了我的第一张玻璃丝刺蛾毛毛虫照片。我更喜欢在自然条件下拍摄它们的照片，所以我不得不把它从罐子里拿出来放在橡树叶上。我想，应该没问题的；我就用铅笔戳它一下，让它动起来……戳、戳……。啊！在我的铅笔碰到它的一根玻璃状细丝后不久，毛毛虫就把它身体后半部分的所有玻璃状细丝脱落下来，留下了一个非常不像玻璃丝刺蛾毛毛虫的生物！我的摄影计划被毁了，但我对这些细丝的功能有了更深的了解：是为了抵御捕食者，很可能是蚂蚁。如果一只蚂蚁攻击了玻璃丝刺蛾毛毛虫，除了满嘴的玻璃丝状毛发，它什么也得不到。我的猜测是：当玻璃丝刺蛾毛毛虫被打扰时，它也会产生一种难闻的气味，致使好奇的蚂蚁不太愿意去接近它。我戳到的那只毛毛虫已经完全长大了；但是如果一只年轻的毛毛虫被迫脱掉它的保护毛层，它会在下一次蜕皮时产生新的。

玻璃丝刺蛾毛毛虫是我的橡树上很容易找到的一种刺

蛾。从七月开始，卷刺蛾（*Tortricidia testacea*）、壳盖绒蛾（*Megalopyge opercularis*，俗称猫毛虫）、绿斑辉刺蛾（*Euclea delphinii*）、褐斑船刺蛾（*Prolimacodes babia*）、黄肩刺蛾（*Lithacodes fasciola*）、猴恐刺蛾（*Phobetron Pithecium*）、缘冠刺蛾（*Isa textula*）、纳塔达刺蛾（*Natada nasoni*）、春绿刺蛾（*Parasa chloris*）、安刺蛾（*Adoneta spinuloides*）和鞍背刺蛾（*Acharia stimulea*）等蛾类的毛毛虫都有可能出现。事实上，北美有50种刺蛾，其中大多数都把橡树作为它们的寄主植物。无论是刺蛾幼虫还是成虫都很吸引人，但有一点需要注意：大多数刺蛾毛毛虫的背上都有令人痛痒难当的毒毛；确切地说更像是刺，每根刺的底部都有一个小毒囊。如果你足够用力地撞到它，折断一根刺，毒素就会释放出来并让你产生痛苦的反应，就像被荨麻刺到一样。在北美，鞍背刺蛾的毛毛虫是迄今为止我最常遇到的刺蛾，在我所接触过的刺蛾中，被它蜇到是最痛苦的。但是我

↑ 卷刺蛾的毛毛虫和成虫。

↑ 壳盖绒蛾的毛毛虫和成虫。

↑ 绿斑辉刺蛾的毛毛虫和成虫。

↑ 褐斑船刺蛾的毛毛虫和成虫。

↑ 猴恐刺蛾的毛毛虫和成虫。

↑ 缘冠刺蛾的毛毛虫和成虫。

↑ 纳塔达刺蛾的毛毛虫和成虫。

↑ 春绿刺蛾的毛毛虫和成虫。

↑ 安刺蛾的毛毛虫和成虫。

↑ 鞍背刺蛾的毛毛虫和成虫。

也不想去摸壳盖绒蛾的毛毛虫，因为我听说它是所有毛毛虫中最毒的！

集群的摄食者

当时间来到七月中旬，大多数鸟类已经完成筑巢工作，这些鸟类和它们的后代开始用浆果和种子来补充替代以昆虫为主的饮食。这种饮食方式的转换缓解了毛毛虫种群的压力；因此，随着七月的到来，毛毛虫们开始增大它们的体形。在密西西比河以东，寻找你橡树上的毛毛虫的最佳时间可能是七月下旬。在西部（尤其是西南部），降雨有明显的周期性；因此，毛毛虫的数量随着降雨的周期性有着显著的变化。除了北部的平原地区和太平洋西北地区以外的其他所有地区，七月在橡树上最常见的毛毛虫就是黄颈掌舟蛾（*Datana ministra*）。

像*Datana*属的其他物种一样，成年雌性黄颈掌舟蛾会一次性在同一地点产下所有的卵。尽管微小的寄生蜂会立即将自己的卵产在黄颈掌舟蛾的卵中，但大多数黄颈掌舟蛾的卵都能成功孵化，并且这些小毛毛虫喜欢集群摄食。集群摄食是它的一种适应性进化：随着季节的推移，橡树叶片会越来越坚韧，群居觅食会更加容易地取食这样的叶片；这也是以橡树为食的鳞翅目昆虫的一个共同特征，比如白点犀额蛾（*Anisota Stigma*）、红瘤对称舟蛾（*Symmerista canicosta*）、橙瘤对称舟蛾（*S. leucitys*）、粉条犀额蛾（*A. Virginiensis*）、橙纹犀额蛾（*A. senatoria*）、红胸舟蛾（*Oedemasia concinna*）和舟蛾科*Datana*属的物种。通俗一点的话就是人多力量大，100张嘴比1张嘴更容易咬断已经木质化的橡树叶，因此被迫以坚硬叶子为食的毛毛虫倾向于把大家集中在一片叶子上，作为一个整体一起吃。这一类型的摄食行为将毛毛虫造成的损伤集中在橡树的一两根树枝上；因此，橡树上的黄颈掌舟蛾可能会使树枝落叶，但正如新奥尔良的坦马尼·鲍姆加滕（Tammany Baumgarten）所建议的，如果你尝试10步计划（也就是说，从你的橡树后退10步），摄食造成的损伤就会从你的视野中消失！

并不是所有的毛毛虫都需要像黄颈掌舟蛾那样通过集群摄食来对付七月橡树坚硬的叶片。灰笑毛夜蛾（*Charadra deridens*）就是一个典型的例外，它的取食行为就证明了自然选择总是有很多种方法来解决特定的生态问题。灰笑毛夜蛾因其黄色"脸"上的黑色斑纹让它看起来像是一直在保持笑脸而得名。它有一个异常大的头囊，这并不是因为灰笑毛夜蛾脑的结构更大并且比其他毛毛虫更聪明。灰笑毛夜蛾像其他橡树摄食者一样聪明，白天躲在用树叶搭成的遮蔽物里躲避鸟类的捕食。更确切地说，灰笑毛夜蛾的大脑袋是用来容纳大而有力的肌肉，这些肌肉控制它的下颚使它仅靠自己就能咀嚼甚至啃穿最坚硬的橡树叶。从科罗拉多州和新墨西哥

黄颈掌舟蛾是集群的橡树摄食者。这有助于毛毛虫在很小的时候克服叶子的韧性。

灰笑毛夜蛾用强大的下颌骨肌肉克服了橡树叶的韧性。

州东部到大西洋沿岸，你可以通过剥开叶子搭就的遮蔽物来找到它。一旦被发现，它就会弓起背，给你一个大大的微笑。

橡实的大小和形状

七月底，曾经是橡树雌花结构中一部分的受精胚珠经历了一段爆炸性的生长时期，以至于它们从树枝上的小结节变成了清晰可见的橡实。首先发育的是橡子的"帽子"（正式名称为壳斗），然后橡子本身肉质部分随着时间的推移在壳斗下"填充"。每棵橡子中注入的能量的多少决定了它最终的大小和形状。橡子的大小和形状是栎属植物最多变的特征之一。

橡子的大小和形状并不是随机变化的，而是由许多环境和遗传因素共同决定的。首先，从影响橡子大小的因素来看。橡树生长环境的干燥程度是影响橡子大小的重要因素之一；例如，生活在干燥环境中的橡树的橡子比较小，而那些生活在湿润气候中的橡树就有足够的水分长出大橡实。纬度是影响橡子大小的另一个重要因素，小橡子就是北半球高纬度地区橡树的一个特征。北方的生长季节很短，橡树可能没有足够的时间结出大橡子。橡子大小也可以反映不同橡树物种的传播模式：具有小橡子的物种更容易被松鸦和其他鸟类传播。小橡子也是一种躲避无处不在的象鼻虫的方法；因为

在美国，橡子的大小各不相同，从最大的大果栎（*Quercus macrocarpa*；上）到最小的达灵顿栎（*Q. hemisphaerica*；下），以及大小介于两者之间的代表红槲栎（*Q. rubra*）。

小橡子无法为象鼻虫长成成年个体提供足够的营养。最后，橡子的大小还可能取决于来自其他植物的竞争强度。大橡子有足够的能量储存来产生大的胚根，胚根是橡子萌发过程中最先出现的根状结构。大胚根可以迅速深入土壤，挖掘浅根竞争者无法企及的资源。这也许可以解释为什么在中西部的橡树大草原上发现了异常大的橡子；因为在那里，茂密的草原植物的竞争可能会阻止小橡子长成幼苗。

　　其次，橡子的形状并没有像橡子大小那样的变化幅度。在大多数情况下，橡子要么是圆形（球形），要么是橄榄球形（纺锤形）。橡子的形状可能反映了自然选择之间的妥协：是倾向于特定的传播群体（被哺乳动物还是鸟类传播），或是在地面上滚动传播，还是被水传播。球形橡子（比如红栎组中的许多物种的橡子）更容易被松鼠、鹿、花栗鼠和其他哺乳动物捡起。纺锤形橡子（像常绿类的弗吉尼亚栎）更容易被鸟喙控制，也更适合作为鸟类的食物。可以这么说，你周围橡树结出的橡子的大小和形状讲述了一个你的橡树与当地环境中的动物和气候相关的故事。

　　果实的成熟周期是不同种类（或者至少在红栎组和白栎组这两组类群之间）的另一个明显差异。白栎组的所有成员都在一个季度内（五月至九月）成熟，而红栎组则需要18个月才能成熟。这种发育时间上的差异可能解释了为什么红栎组物种和白栎组物种的果实大年（丰产）很少在同一年出现，以免意外地导致野生动物的食物交替过剩。

August

八月

　　在美国的大部分地区，夏季是雷雨泛滥的季节。尤其是在美国东部，夏季的任何时候（七八月份最为常见）都有可能发生一至两小时的强降雨（降水量在短时间内达到几厘米）。美国西南部的沙漠地区也是如此，那里盛行的夏季季风在七月底和八月初达到高峰。这种突然而强烈的暴雨极具破坏性，因为雨水落到地面的速度比它们渗入地下的速度更快。另外，畅通无阻的大雨还会猛烈地砸向地面，造成土壤紧实。任何可以削弱暴雨到达地面时的威力和（或）吸收大暴雨带来的雨水的东西都被认为是有生态系统服务（ecosystem services）价值的。橡树兼具以上两个方面的功能，而且表现得非常好。

生态系统服务

　　到目前为止，我们已经考察了很多存在于橡树各处、伴随着橡树生长的生物相互作用；但是如果我没有提到在景观中加入橡树的非生物学效益（因为这对生态系统的健康也有非常巨大的影响），那将是我的失职。健康的生态系统提供的服务不仅对我们人类的福祉至关重要，而且对整个生态系统的所有植物和动物的健康生存都是必不可少的。健康的生态系统带来的益处包括传粉、水质净化、气候调节、生物多样性维持、空气污染控制以及提供氧气、食物、纤维和木材等。橡树贡献了其中几个，但流域管理是橡树免费提供的生态系统服务中最被低估的一个。

当雨水从空中落到地面时，它就不可避免地开始了汇入大海的旅程。如果这个过程非常迅速，雨水就会将地表土和污染物带入小溪，然后流入河流，最终汇入到海洋中。如果雨水被植被阻挡导致流速减慢，更多的雨水将会渗入地下，而不是冲入当地的溪流中。这种向地下的渗透不仅能补充地下水水位，而且还能将水中的氮、磷和重金属污染物去除。此外，如果雨水缓慢而稳定地从地下流入到小溪和河流中，就会减弱暴雨对支流生物群的破坏性冲击。橡树凭借其巨大的叶表面积和庞大的根系，自雨水从云层中凝结的那一刻起就开始阻挡雨水的破坏性冲击。被茂密的橡树树冠截留的大部分水（每棵树每年高达1万多升）在到达地面之前就蒸发掉了（Cotrone 2014）。这使得橡树成为流域管理中最得力的助手之一。

也许橡树每天提供的最及时和最重要的生态系统服务是碳封存。像所有植物一样，橡树通过光合作用固定大气中的二氧化碳（CO_2），并将碳储存在自己的组织中。事实上，大约一半的植物干重（即从其组织中去除所有水分后的重量）来自于碳。对于一棵普通的橡树来说，它的组织可以封存高达数吨的碳。植物细胞堆积得越致密，它储存的碳量就越多；橡树是北美所有硬木中最致密的木材之一，所以上述说法也就不足为奇了。橡树对地下碳汇的贡献也是值得注意的。就像橡树地上部分的组织一样，橡树的根系庞大并且主要由碳构成。但是，使橡树成为我们应对气候变化过程中非常重要的工具的原因是它们与菌根真菌之间的关系：菌根真菌产生大量富含碳的球囊霉素，这是一种高度稳定的糖蛋白，使得土壤结构多样且呈现深色。在橡树的整个生命周期中，橡树菌根真菌会将球囊霉素沉积到橡树根周围的土壤中。橡树菌根真菌产生的每一磅球囊霉素就是一磅不再使大气变暖的碳，球囊霉素能在土壤中保留数百年甚至数千年。这些因素使得橡树在整个温带地区成为我们从大气中吸收碳并将其安全地储存在土壤中的最佳选择之一。

　　一直以来，人们对使用树木来去除地球大气层中二氧化碳的方法存在一个普遍的误解：快速生长的树木会比生长缓慢的树木能去除更多大气层中的碳（Korner 2017）。这种说法在短期内是正确的，但如果我们的目标是以任何有意义的方式减少温室效应，将二氧化碳长时间从大气中除去呢？那么碳被隔绝在大气层之外的时间长短就成为解决这一复杂问题的关键。从大气中快速除去碳，在几十年后树木死亡时又重新释放到大气中，这只是在短期内缓解了二氧化碳的变暖效应而给下一代带来了负担。因此，使用速生但寿命短的树木，如杨树和松树，进行碳封存的计划，对大气中的碳含量没有持久的影响。理想的适合碳封存的树种是大型、长命且致密的树木，比如橡树，它们可以安全地将碳从大气层中转移到树木本身封存数百年。简而言之，您种植和培育的每一棵橡树相比绝大多数其他植物物种能更好地缓解我们迅速恶化的气候。

橡树提供的最后一个值得考虑的生态系统服务就是：调节局部小气候，使我们全年的生活更加舒适和节能。它们可以阻挡大部分的风，在夏天为我们的房子遮阴，在冬天能让阳光直射房屋提高温度。如果我们愿意在城市地区种植更多的橡树，那么在酷热的天气里，橡树也有助于减少城市的热岛效应。

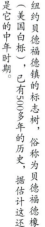

纽约贝德福德镇的标志树，俗称为贝德福德橡树（美国白栎），已有500多年的历史，据估计这棵橡树还只是它的中年时期。

　　橡树对当地生态系统的生物和非生物贡献与其林龄和植株大小相关。在阳光和水分都理想的条件下，只要它们的根没有被道路、下水道、房屋地基、化粪池等所阻隔，许多橡树物种可以活一千多年。例如，有人估计美国南卡罗来纳州查尔斯顿的被称为"天使橡树"的弗吉尼亚栎已有1500多年的历史。健康的橡树可以持续生长300年，接下来的300年它会在继续生长和树冠损失之间保持平衡，最后面的300年或更长时间慢慢进入衰退阶段。在这900年的每一年里，这些壮丽的橡树都在为周围的生命做出巨大的生态贡献。随着林龄的增长，它们通常会失去大部分的木质部组织，在树干内形成巨大的空洞，那里会成为无数生物（从稀有真菌到浣熊、负鼠、松鼠、蝙蝠、短尾猫甚至黑熊）的家园。过去我们认为，一旦树干内有腐烂产生的空洞，那棵树就必定死亡。事实并不是这样的！这种"腐烂"是正常的，并不影响橡树树皮下的形成层，也不会影响树干支撑机能的强度。空心树干只是古老橡树的一个形态特征，使它们成为我们景观中有益的生态补充。

冲破橡树屏障

　　七月底八月初，橡树叶已经达到了最坚韧的状态，这就对啃食它们的昆虫提出了巨大的挑战。一些具有强有力下颚的大型毛毛虫此时仍然能够啃食橡树叶，虽然啃食的速度比五六月或七月慢了一些。随着八月的到来，被木质素填充的橡树叶外层非常硬；橡树叶采用这种典型的策略能成功地阻止大多数小型毛毛虫的啃食。然而，非常具有讽刺意味的是，八月是橡树上长有小型毛毛虫数量最多的时候。这些毛毛虫之所这样做是因为它们已经找到了绕过橡树叶的保护层来获取食物的方法。做到这一点的一种可行方法就是避开橡树叶的坚韧外层。

　　如果你把一片橡树叶切成两半，你会发现它的结构看起来有点像三明治。橡树叶的上表皮和下表皮就像三明治的面包层一样保护着它们中间的重要部分——栅栏组织和海绵组织构成的叶肉部分（富含柔软而营养丰富的薄壁细胞）。三明治状橡树叶的中间重要部分可以轻易地被任何接触到它的生物带走。潜叶虫已经想好了对策，它们通过啃食上表皮和下表皮的中间部分来吃掉脆弱的叶肉组织（就像两层砂岩之间的煤层一样）。但是，就像生活中的大多数事情一样都有一种权衡，潜叶虫的饮食模式就决定了它们的个头必须足够小才行!

　　潜蝇科（Agromyzidae）的整个家族都是专门的潜叶虫，但大多数物种都是以草本植物为食，只有少数物种的潜叶虫是依靠取食橡树叶进行生长发育的。其中一种以橡树叶为食的潜叶虫是绿腹东潜蝇（*Japanagromyza viridula*）。该物种的幼虫会在橡树叶上形成斑块型潜道（橡树叶内圆洞边形成的斑块），它的名字（oak shothole leaf miner）完美地诠释了这一特征。你可以通过斑块两侧平行排列在叶子上的圆洞来区分绿腹东潜蝇和其他类型的潜叶蝇。这些洞是由它们的成年个体而不是幼虫打造出来的。当叶子很嫩时，成年雌性为了喝从伤口渗出的液体而用产卵器刺穿叶片。当叶子舒展到最大时，刺穿的伤口也随之扩大，就变成了叶子上的对称孔。

虽然绿腹东潜蝇相当常见，但橡树上的大多数潜叶虫并不是蝇类，而是可以制造斑块型或蛇型（线型）潜道的微小蛾类。线型潜道之所以被称为蛇型潜道，是因为它细细的，像蛇一样蜿蜒穿过叶子，随着其中幼虫的生长而逐渐变宽。正如你想的那样，潜叶蛾的毛毛虫很小且扁平，它们可以毫不费力地在橡树叶的上表皮和下表皮之间自由地啃食。因此，从这些斑块中完成发育的成年蛾类也很小，但它们大多数都色彩绚丽。两种亲缘关系很近的潜叶蛾很好地说明了这一点：独居橡树潜叶蛾（*Cameraria hamadryadella*）和群居橡树潜叶蛾（*C. cincinnatiella*）都是橙色的蛾类，翅膀上醒目的三条白色条纹和三条黑色条纹镶嵌排列。顾名思义，独居橡树潜叶蛾在每片叶子上仅仅制造一个斑块型潜道，而群居的橡叶潜叶蛾可以在同一片叶子上制造多个斑块型潜道。然而，这些斑块很小，而且数量不足以让树木遭到这些蛾类明显的伤害。

稍大的蛾类，如令人惊叹的银带丽织蛾（*Epicallima*

独居橡树潜叶蛾非常小，它可以在橡树叶的上层和下层之间发育。

argenticinctella），能够咬穿叶上表皮到达叶肉部分的海绵组织，但不会咬到下表皮。更大一点的蛾类（与我们通常在橡树上见到的大多数毛毛虫相比并不大）能将丝线固定在叶子的一边，通过拉紧丝线将叶子边缘卷起来形成一个隐藏的餐厅。当它们将叶子卷好以后，会隐藏在这个"保护区"内将叶子骨架化，诸如白条卷蛾（*Amorbia bumerosana*）和栎叶条卷蛾（*Argyrotaenia quercifoliana*）就是橡树上常见的两种"卷叶虫"。将叶子骨架化的最后一种方法是由金条纹扁腹蛾（*Machimia tentoriferella*）等物种所创造的，它们不像卷蛾那样卷起一边叶子，而是将两片橡树叶重叠并用许多丝线捆绑在一起，然后像黄衣织叶蛾一样从内部镂空它们。

飞翔的敌人

对于许多无脊椎动物和脊椎动物捕食者（尤其是肉食性昆虫、蜘蛛和鸟类）来说，毛毛虫就是它们理想的猎物和食物来源。这些毛毛虫富含蛋白质和脂肪，是很多不吃植物的动物所必需的类胡萝卜素的最佳来源。由于橡树上栖息着如此多种多样的毛毛虫，所以橡树就成为自然界中最活跃的舞台之一。捕食者在橡树的各个角落和缝隙中寻找毛毛虫，而毛毛虫则尽最大努力避免成为它们的盘中餐。假如毛毛虫的血是红色的（它是绿色的！），阿尔弗雷德·丁尼生对自然的描述将在橡树上完美呈现。

虽然蝽象、猎蝽、姬蝽、花蝽和盲蝽是毛毛虫及其虫卵的重要捕食者，但是毛毛虫最强大的敌人都来自空中，比如鸟类、寄生蜂、泥蜂和胡蜂。当你在八月观察橡树时，你会发现每棵树上都有小鸟在叶子上啄来啄去；另外，当仔细搜寻时，你会发现蜾蠃（ *Eumenes* ）、黄胡蜂（ *Vespula* ）、长黄胡蜂（ *Dolichovespula* ）和马蜂（ *Polistes* ）也活跃在橡树叶的表面。此外，假如你眼力够好的话，你还会看到小小的寄生蜂也在做这件事。

面对这些捕食者的压力，自然选择已经将防御策略融入每只毛毛虫的生活史中。尽管没有哪一种防御策略是能确保万无一失的，但是由树叶折叠、卷曲或捆绑而制造成的毛毛

蝶嬴、黄胡蜂和长黄胡蜂从日出到日落都在橡树上搜寻毛毛虫。

虫庇护所，丝网或小木屋是毛毛虫试图避免被吃掉的最显而易见的方式。写到这里，我想起了在自己家前院亲眼所见的一个故事。有一天，当我在自家前院的美国白桦上统计毛毛虫的数量时，我看见一条身上有条纹的长翅卷蛾（*Acleris*），它的防御工作做得很好。它将三片橡树叶子绑在一起建造了一个类似隧道的庇护所，并且一直待在里面；此外，它还在树叶的空隙间编织了一张密集的网，以阻止潜在的捕食者或寄生蜂进入。在我看来这一套防御系统已经做得非常完美了。然而，当我在观察它的时候，一只白带佳盾蝶嬴（*Euodynerus Leucomelas*）飞了进来，将自己的腹部钻入丝线之间，蜇了毛毛虫一下使其不能动弹，然后把网咬一个足够大的洞出来，把僵硬得像木条一样的毛毛虫拖了出来。接下来蝶嬴就用下颚叼住毛毛虫飞回了自己的家。到家以后，蝶嬴就会在活着但无法动弹的毛毛虫身上下一个卵，卵很快就会孵化成一只无腿无头但会慢慢啃噬毛毛虫的幼虫。尽管这看起来非常可怕，但无法动弹且活着的毛毛虫是蝶嬴在无需奢华冰箱的情况下为幼虫保存新鲜食物超过一周的完美方式。

八月份，橡树上最常见的毛毛虫是尺蠖（尺蛾科）。之所以称呼它们为尺蠖是因为它们一边走一边绕圈，就好像它们每走一步都在测量似的。尺蠖可以在形状和功能上模仿树枝，当受到干扰时，它们会将自己与树枝保持一个角度好几分钟，看起来就像一根树枝。我十几岁时练过体操，了解许多体操动作需要多大的力量。最难的动作之一（也是我从未完全掌握的动作）就是用我的手臂将我的身体以45度角撑起来，这对我来说需要更多的手臂和腹部力量。然而，这正是模仿树枝的尺蠖所做的，不管我什么时候看到它，我都会惊叹于它能毫不费力地用位于身体后部的两对腹足抓住树枝并将自己的身体撑起来，至少我是这么认为的。当我第一次拍摄木棍模仿者尺蠖时，相机上的闪光灯揭示了它巨大力量的来源——一根绑在树枝上的丝线。尺蠖根本没有用肌肉力量去悬挂它们的身体，而是倚靠在一根很细的丝线上；这根细丝肉眼根本看不到，只有被闪光灯照亮时才会被发现。

闪光灯下拍摄到的尺蠖用丝线支撑体重。

　　这类毛毛虫的外形看起来像一根树枝的拟态行为是躲避饥饿鸟类的一种有效方法，但是它并不能欺骗那些通过嗅觉而不是视觉来捕猎的昆虫捕食者和寄生蜂。幸运的是，对于许多毛毛虫来说它们有一个B计划：如果它们被蚂蚁、刺益蟭或齿背猎蟭等捕食者发现，它们会从正在啃食的叶子上掉下去，然后用一根丝线将自己悬挂在半空中。这种现象在晚上比白天更容易发生，或者说在晚上更容易看到；如果你在天黑后拿着手电筒走到橡树下，你很可能会看到好几只毛毛虫一动不动挂在离最近的叶子几厘米的正下方。这些毛毛虫已经逃离了捕食者的捕食范围，并且还将继续悬在空中直到敌人离开。然而，某些种类的寄生蜂，如盘背菱

层纹尺蛾（*Biston strataria*）的毛毛虫是典型的树枝模仿者。

一只寄生蜂夜以继日地在橡树叶上寻找毛毛虫。

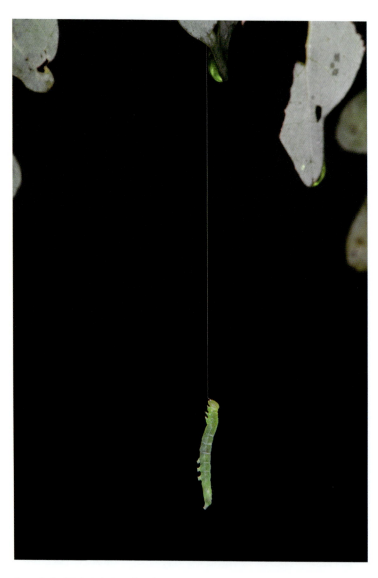

当受到捕食者或寄生蜂的威胁时，毛毛虫会经常从叶子上落下来，一动不动地悬挂在丝线上，直到危险过去。

室姬蜂（*Mesochorus discitergus*），并不会轻易放弃，当猎物从叶子上滚落下来时，它们不仅不会放弃狩猎，反而会将丝线当作机会。这种寄生蜂会用两条前腿交替扯动丝线将毛毛虫向上拉，直到足够靠近并且能把卵产进去（Yeargan and Braman 1989）。一些寄生蜂更加灵活，当毛毛虫悬挂在线时，这些蜂会顺着丝线下来，于半空中在毛毛虫的身上

从左上角顺时针方向依次为：流苏离舟蛾、木纹寡舟蛾、独角离舟蛾和锈色寡舟蛾。它们的毛毛虫相比虫子，更像破损的橡树叶。

产卵！

　　虽然模仿树枝是毛毛虫躲避鸟类捕食的一种有效方法，但只有当毛毛虫瘦到看起来像树枝时它才有效。有这么多鸟在橡树上觅食，各种各样的毛毛虫（即便是胖的毛毛虫）都必须得保护自己，伪装得看起来像腐叶、碎叶、树皮或通常生长在橡树上的地衣，这些都是很好的伪装方法。舟蛾科蛾类的毛毛虫和成虫都非常擅长

许多舟蛾类物种成年的蛾，像这种红色水洗舟蛾，是杰出的树枝模仿者。

模仿橡树组织；其中，流苏离舟蛾（*Schizura ipomaeae*）就是一个很好的例子，过去我们将其误称为牵牛花舟蛾（它不吃牵牛花）。你可以在叶子的边缘上找到流苏离舟蛾的毛毛虫，它们看起来非常像被毛毛虫啃食过的叶子的一部分。首先，它的体色分为两部分，包括健康叶组织的绿色和枯叶组织的斑驳棕色；其次，它的体形模仿的是被毛毛虫啃食过后的叶片边缘形成的波浪线。在其他的橡树毛毛虫中也会发现具有类似体形结构的，包括独角离舟蛾（*S. unicornis*）、锈色寡舟蛾（*Oligocentria semirufescens*）和木纹寡舟蛾（*O. lignicolor*）。这些物种的神奇伪装术在毛毛虫阶段并未结束，它们的成虫在外观和行为上都是模仿折断的树枝。

网蝽及其捕食者

　　坚韧的树叶给食叶昆虫带来了进化上的挑战，于是许多植食性昆虫通过吮吸植物汁液而不是咀嚼叶片来避免这个问题。在所谓的吮吸式昆虫体内，帮助毛毛虫啃破坚硬组织的下颌骨已被进化成一根像吸管一样的口针。无论叶子多么坚韧，具有吮吸式口器的昆虫都可以刺穿叶表皮并获得叶子内的营养物质。在蚜虫类昆虫中，吸管状的口器能达到相对于昆虫头部大小的长度。其他类昆虫的口器很短，只能从叶表皮附近的细胞中吸取汁液；半翅目类网蝽科的网蝽就是这种类型。

栎方翅网蝽是八月橡树叶上最常见的昆虫之一。此处一只成虫和许多若虫在共享一片树叶。

网蝽的俗名叫花边蝽（lace bug），这个名字的由来是因为它们的翅膀和前胸有类似桌布的花边状形态，放大后非常漂亮。大多数网蝽是群居的物种，经常能看到一大群网蝽若虫和成虫及其虫卵混杂在同一片叶子上。有几种网蝽专食橡树，在美国很多地方最常见的还是栎方翅网蝽（*Corythucha arcuata*）。它们的成虫在树皮缝隙中过冬，是鹀和旋木雀在漫长的冬季里寻找的食物之一。一些网蝽的成虫顺利过冬后，当第二年春天橡树的叶子完全展开后，它们在叶子背面产下20至30枚卵来开始繁育它们的第一代后代。栎方翅网蝽的种群在整个夏季都在持续扩大，到八月中旬，你很难找到一片没有它们的叶子。虽然成虫在显微镜下看起来很有吸引力，但若虫无论走到哪里都会在叶片上留下黑色粪便状斑点，很遗憾这并不能增加叶子的美感。栎方翅网蝽的大种群还会褪去寄主叶片中的大量叶绿素，将这些叶片从绿色变成浅斑块棕褐色。栎方翅网蝽是利用橡树生存的重要动物群，它们不会杀死像树，所以请忽略这种类型的叶片损伤；用杀虫剂处理它们会不必要地杀死许多非目标物种，进而导致全球昆虫数量减少。

大型的网蝽种群总会吸引草蛉（*Chrysopidae*；网蝽的主要捕食者）。草蛉的成虫大多数时间是以蚜虫为食而不是网蝽，但草蛉的幼虫会使用大的镰刀形下颚刺穿和吸吮网蝽的卵和若虫的内脏——每只草蛉幼虫一生中都会吃掉数百只网蝽的卵和若虫！草蛉成虫是很有吸引力的脉翅目类昆虫，

草蛉幼虫和成虫是橡树上网蝽种群建立时最常见的捕食者。

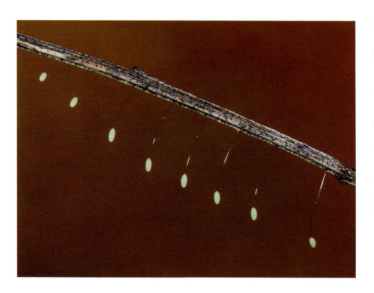

通常呈绿色且有2.5厘米长。它们花边状脉的翅膀像屋顶一样架在腹部。它们精致又温和的外观，掩盖了幼虫阶段吃掉网蝽的卵和若虫的真相。因为草蛉的幼虫遇到蚜虫时就会吃掉它们，所以草蛉的幼虫通常被称为蚜狮。事实上，它们几乎会吃任何能找到的昆虫，包括它们的兄弟姐妹。这给草蛉妈妈带来了挑战：它们要考虑如何在不让后代自相残杀的情况下产卵，比如在网蝽或蚜虫聚集的区域附近产卵就是一个不错的办法。另外，自然选择还为它们提供了一个独特的解决方案：将每颗卵产在一根丝柄上。当卵孵化时，饥饿的草蛉幼虫会掉到叶子表面，在那里它不会遭遇它的同类并吃掉它们。

橡树上的蜡蝉

　　橡树上其他常见的吮吸而不是咀嚼食物的昆虫是蛾蜡蝉科和峻翅蜡蝉科的蜡蝉。这两大类群的若虫都是球形、眼睛很大、身体很短。事实上，它们是短腿昆虫的代表。它们与其他昆虫的未成熟形态的区别在于它们的尾部有许多突出的、密集的、呈波浪状的、比它们整个身体还长的絮状蜡丝。这些物种进化出这种奇怪的形态不是没有原因的。千万年来，许多具有这种结构的昆虫谱系都证明了蜡是抵御捕食者的绝佳方式之一。一些昆虫，如苹果绵蚜（*Eriosoma lanigerum*）、山茱萸叶蜂（*Macremphytus tarsatus*）和胡桃

峻翅蜡蝉科蜡蝉的成虫和若虫在八月的橡树上非常常见。

刻胸叶蜂（*Eriocampa juglandis*），会用一层致密的令人厌恶的蜡覆盖它们的全身。其他蜡蝉科的昆虫，用腹部末端的腺体产生大量的蜡。这些脆弱的蜡丝位于从后方接近的捕食者和昆虫本体之间，很显然满嘴的蜡能成功阻止蚂蚁、瓢虫、猎蝽和许多其他的蜡蝉天敌。一旦蜡蝉蜕变进入到成年阶段，它就不再用絮状蜡丝来保护自己，这可能是因为长长的蜡丝会影响飞行，或者因为成虫是优秀的跳跃者，能在一瞬间跳离危险。

蝉杀手

在美国东部有老龄橡树的院子里，每隔13年或17年的六月就会出现数千只周期蝉，这取决于你居住在哪里。相反，一些一年生蝉在每年七月中旬都会准时出现，并且它们在八月的大部分时间里都在飞行。一年生蝉的数量远不如周期蝉多，它们黑色背上点缀着绿色而不是周期蝉的橙色，而且它们体形比周期蝉大得多。但是，像所有蝉类昆虫一样，一年生的雄蝉会用响亮的歌声来吸引雌性，这是整个美国地区慵懒炎热夏日的主要特征。

由于一年生蝉会在每年夏天稳定出现，因此捕食者通常会专注于捕食这种可靠的食物资源。鸟类和松鼠只是随意地捕食蝉，但是杀蝉泥蜂是最明显的仅仅捕食蝉的物种。杀蝉泥蜂是北美最可怕但又是最无害的蝉杀手之一。它们毫无疑问是泥蜂科中个头最大的成员，可以接近5厘米长。与群居胡蜂不同的是，杀蝉泥蜂不会筑内含蜂王和数百只工蜂的蜂巢。相反，它们是独居者，只有在交配时才与另一只泥蜂偕行。当人们看到很多杀蝉泥蜂在同一块区域飞行的时候就会坚信附近有一个蜂巢，其实这种情形只是说明它们需要生殖交配，而且这一区域有它们需要的以下两种资源：可挖掘的泥土和数量众多的一年生蝉。

一只雌性杀蝉泥蜂繁殖时会捕获飞行中的一年生蝉，并将其蜇晕使其进入瘫痪状态。通过一系列的短途飞行和拖拽，将蝉带回它之前在地下挖的洞室的垂直入口。杀蝉泥蜂

大的一年生蝉是体形最大的杀蝉泥蜂唯一的猎物。

挖掘的隧道是坚固的，雌蜂需要付出相当大的努力来建造，它有将近30厘米深，然后再向水平方向挖15厘米，此外隧道还要足够宽，这样泥蜂才能将肥胖的蝉拖到洞室里。一旦蝉就位，泥蜂就会在其身上产卵，然后通过隧道离开，并用泥土将入口密封。卵在几天后就会孵化，接下来的几周这只蝉就是杀蝉泥蜂幼虫的食物。雌蜂偶尔也会在洞室内放不止一只蝉给它的幼虫。当幼虫长大后会蜕变成蛹，并以这种接近成虫的状态在地下度过秋季、冬季和次年的春季，直到次年七月第一只一年生蝉的出现它们才会化蛹。雌蜂通常会为捕获的每只蝉挖一个新洞，并在它们整个成虫阶段的四到五周时间内捕捉和埋藏蝉（Alcock 1998）。

一只雄性杀蝉泥蜂正在守护它的领地，在它和配偶交配之前随时准备赶跑入侵者。

雄性杀蝉泥蜂就像大多数昆虫（实际上是大多数动物）的雄性一样，在照顾幼虫方面没有任何贡献。它们只热衷于一件事：与尽可能多的雌性杀蝉泥蜂交配。幸运的是，雌性杀蝉泥蜂在每个育儿洞室做好物资储备并密闭洞口后才会与雄性交配。雌性杀蝉泥蜂会与足够强壮、能将其他所有竞争对手赶出筑巢地的雄性杀蝉泥蜂交配。这意味着雄性杀蝉泥蜂必须不断地巡视雌蜂的筑巢地，以便当雌蜂从已完工的隧道中爬出来时，雄性就在它们眼前。这就是人类经常误解雄性杀蝉泥蜂意图的地方。雄性杀蝉泥蜂不太擅长将它的合法竞争对手（其他雄性杀蝉泥蜂）和其他任何移动的东西区分开来——这让它们处于非常不利的境地。雄性杀蝉泥蜂会因此追逐你的猫、你的狗、邮递员、任何朝它们的方向行进的物体，甚至是你，以确保你远离它的区域并且不会与它梦中情人交配。如果你靠近一个活跃的筑巢地，谨慎起见，该区域的雄性杀蝉泥蜂会带着一张无害但确实很可怕的生气的面孔径直朝你飞来。记住，雄性杀蝉泥蜂是没有毒刺的，它们无论如何都不会伤害到你。但是这一事实通常会被院子里恰好有适合雌蜂筑巢的土壤的房主忘掉。房主们坚信他们会被这些"大黄蜂"蜇伤，便拿出一罐雷达杀虫剂或支付数百美元来杀死院子里所有的"大黄蜂"。虽然雌性杀蝉泥蜂确实有毒刺，但在我作为学者研究昆虫行为的45年里，我从未听说过任何被证实的"大黄蜂"蜇人事件。雌性杀蝉泥蜂只专注于一件事：寻找和埋藏橡树上的一年生蝉。

The
Nature
Oaks

September

九月

　　九月，橡树的叶子依然存有活力，这时也是动物获取橡树叶子里的营养物质的最后一个月了，进入十月这些叶片就会开始掉落。每当时间来到九月时，就是橡树叶子最厚、最坚韧、含水量最少的时候。因为自五月初叶片舒展后就一直被昆虫所食用，所以这时也是它们相当残破的时候。尽管九月橡树叶子的营养价值越来越低，但这个月仍然是寻找和观察院子里各种以橡树为食的生物的好时机。

会行走的木棍

　　竹节虫总是一类让人着迷的昆虫。它们的名字很形象地描述了这一类昆虫。它们很瘦，身体呈线形，没有翅膀，看起来像木棍一样，所以称之为竹节虫。整体而言，竹节虫主要分布在热带地区，在那里它们的多样性非常高，最大的物种长度可以超过30厘米。然而，在北美地区只有6个物种，最大的物种也很少超过13厘米。即使这样，对于昆虫来说仍然是一个令人印象深刻的长度；当它们把前腿往前伸时，甚至会更长。

　　在美国，最常见的竹节虫是普通竹节虫（*Diapheromera*

femorata）。它是落叶林中较为常见的栖息者，会骨架化
（只吃叶肉，保留叶脉）好几个物种的树叶，但是对白栎有
明显的偏好性。尽管它的数量在大多数年份都保持低位；但
在以美国白栎为主的森林中，这种竹节虫每10年左右就会爆
发一次，数量多到足以看到明显的树叶被啃食。有两个原因
导致不管竹节虫的数量是多还是少，我们都很少见到它。首
先，它们与树枝的相似性非常高，因此很难将它与森林中数
百万根真正的树枝区分开来；其次，它们一生中大部分时间
都待在树冠中看不见的地方，并且在夜间最活跃。通常我只
在九月和十月橡树落叶时才看到它们，那时它们经常从橡树
上掉下来，然后爬到我家房子的侧面。

　　竹节虫有好几道防线可以抵御鸟类和松鼠等脊椎动物的
捕食。最明显的是隐态，大多数情况下，简单地融入到处都
是树枝的栖息地就能有效地躲避捕食者。但是竹节虫的一种
重要行为使得它们的这种隐态更为有效。树上的叶子和细树
枝不是僵硬不动的，竹节虫也会模仿树枝或者叶子不断地以
我们认为完全自然的方式晃动；当风吹动树枝或捕食者突然
降落在附近树枝上引起晃动时，竹节虫会随之自然摆动。如
果竹节虫在它应该像其他树枝一样晃动的时候保持静止，那
它可能就会让自己完全暴露，并成为捕食者的美食。反之，
当竹节虫发现有捕食者靠近时，它那自然的颤抖和晃动就像
是真正的植物的一部分。如果这一招不能奏效，竹节虫就会
掉到地面，在那里它会和成千上万根真树枝一样一动不动。

一只亚利桑那竹节虫（*Diapheromera arizonensis*）缓慢地经过艾氏栎的树叶。

对于那些不幸被捕食者捕获的竹节虫来说，它们还有最后一道防线。一些物种的腺体能够释放出对大多数捕食者有害的化学物质；比如双带拟竹节虫（*Anisomorpha buprestoides*）等少数物种，其前胸的腺体实际上能将化学防御物质射出几厘米远，通常可以直接射入毫无防备的鸟的眼睛里！

夏季末，雌性竹节虫在成年后就开始交配和产卵。当竹节虫穿过树冠向下来到森林中的落叶堆时，它将随意地把每颗大得像种子一样的卵产在地上。通过这种方式，它的卵散布在整个森林的地面上，这些卵将在地面上度过秋季、冬季和早春时节。在春季末期，竹节虫的若虫就会从许多卵中（但不是全部）孵化出来，它们将爬到最近的树上，并以树叶为食。没有孵化的卵会在森林地面上停留一整年，等待下一年春天继续孵化。这种繁殖策略是生态上两头下注策略的典型案例。它们的卵通过错开两年孵化的策略，减少了所有幼虫因严重干旱、飓风、火灾和洪水，甚至是罕见但极端的灾难（如6600万年前摧毁恐龙帝国的小行星）等不可预测因素而灭绝的可能性。

珠弄蝶

　　九月在橡树叶上相当常见的其他第二代动物还有几种珠弄蝶。与大多数弄蝶不同的是，尤氏珠弄蝶（*Erynnis juvenalis*）、贺氏珠弄蝶（*E. horatius*）、庇氏珠弄蝶（*E. brizo*）、扎氏珠弄蝶（*E. zarucco*）和普氏珠弄蝶（*E. propertius*）成年后都呈现斑驳的棕色，在野外区分这几个物种成年个体几乎是不可能的。但是它们的毛毛虫不但非常有吸引力而且具有独特的标记。弄蝶是一个进化之谜，它们既具有蝴蝶的特征（白天飞行，弯曲的触角），又具有蛾类的特征（粗壮的身体）。大多数弄蝶都是植食性物种，它们幼虫的形态特征体现出了对典型的禾本科植物（草）叶片韧性的适应性。大多数禾本科植物的组织中含有大量的二氧化硅，只有具有强大下颚和肌肉组织的昆虫才能食用它们。弄蝶毛毛虫的头部有这些肌肉。因此，异常大的头部是这类鳞翅目昆虫的标配；但奇怪的是，就像毛毛虫的脖子一样，弄蝶头部后面（你也可以称之为颈部）非常狭窄，这使得弄蝶毛毛虫看起来很像刚刚被勒死了一样！

我们只能猜测，橡树上的珠弄蝶的祖先出于某些原因已经放弃了以草为食的生活习性，现在专门取食橡树叶。它们的祖先长期吃坚韧的草的经验使它们能很好地适应橡树叶；正如我们所见，大部分季节的橡树叶都和老的草茎一样坚韧。像其他所有弄蝶一样，橡树上的珠弄蝶通过折叠一部分叶片并用丝线将其绑住来建造庇护所。这些地方在白天是安全的，偶尔还能当作安静的用餐地点。一只毛毛虫在生长过程中会建造并舍弃多个叶子庇护所，这些庇护所可以用来

尤氏珠弄蝶白天躲藏在折叠的叶子里，晚上冒险出来去吃橡树叶。

追踪这些有趣的昆虫。当毛毛虫发育完全后，它们会掉到地上，在橡树底下的落叶层中化蛹。

　　这就引出了一个关于鳞翅目昆虫利用橡树叶来进行生长和繁殖的重要问题。事实上，只有少数物种在其橡树寄主上完成整个生命周期。在数百种以橡树为食的毛毛虫中，超过90%的物种在完成幼虫发育后会从寄主橡树上掉下来；然后，它们不是在地下化蛹，就是在橡树下的落叶中结茧。不幸的是，这两种必要的生活史环节与我们典型的绿化习惯相

橡树下的植被层相比草坪对橡树要好得多，也会让橡树上的毛毛虫完成它们的发育。

冲突。我们大多数人不允许落叶堆积在橡树下，相反会在紧实的土壤上修剪草坪，并将树干周边的杂草清除。这种做法对我们的树木以及树下的土壤生物群落没有任何益处，并且对大多数橡树上的毛毛虫来说绝对是致命的。当我们阻止了毛毛虫完成其生命周期时，我们就创造了一个所谓的生态陷阱。橡树吸引雌性蝶类和蛾类来产卵，结果它们幸存的幼虫却被我们的割草机切碎，被我们的脚踩扁，或者死于试图在不利于挖掘的土壤（过干或过于紧实）中挖洞的过程中。

　　解决这一困境的一个简单方法是在橡树下创造全年不受干扰的植被层。可以在这一区域建立一个早春短命植物的温床，或建一个展示细辛、蕨类、五叶地锦、各种薹菜或板凳果等漂亮的地被植物的理想场所。更好的办法是通过在橡树下种植榛子、山茱萸、北美金缕梅或美洲鹅耳枥等下层植被，或者在林下种植如杜鹃花、荚蒾和蓝莓等原生的灌木来构建立体的景观。这些植物下的橡树落叶将为橡树上的毛毛虫提供完美的栖息场所。

树蟋

　　夏末时节，我们院子里的各种蟋蟀都已长大成年；因此，在九月温暖的夜晚，它们夜间求偶的合唱声达到顶峰。大多数蟋蟀栖息在地面、低矮的草本植物或灌木丛中，但一类名为树蟋的物种通常会在树叶上唱歌。这是一种在全美各地的橡树上都可以轻松找到的树蟋——雪白树蟋（*Oecanthus fultoni*），它通常呈淡绿色，颜色非常淡，看起来像是白色的一样（因此称为"雪"）。

雪白树蟋被称为"温度蟋蟀"，因为你可以通过计算它们鸣叫的频率来相对准确地估计气温。虽然阿莫斯·多贝尔（Amos Dolbear）没有提到他研究的是哪种树蟋，但后来的研究表明正是雪白树蟋促使他在1897年开展了一次简单的实验。当时多贝尔在家附近统计蟋蟀鸣叫时注意到如下规律：（1）在60华氏度（15.6℃）时，雪白树蟀每分钟鸣叫80次；（2）在70华氏度（21℃）时，每分钟鸣叫120次；（3）而在50华氏度（10℃）时，它们每分钟只鸣叫40次。多贝尔根据统计的数据建立了以下方程式：温度 F=40+N，其中N是每15秒的鸣叫次数（Dolbear 1897）。这个简单的结果被称为多贝尔定律，稍加修改，它也同样适用于其他种类的蟋蟀。秋天即使你看不到橡树上的蟋蟀，你也可以利用智能手机上的天气应用程序和计时器来见证一个多世纪前多贝尔的观测结果有多准确。

雪白树蟋或许能告诉我们温度，但栖息在橡树上的其他种类的树蟋也具有同样令人印象深刻的技巧。例如，在研究雄性双斑树蟋（*Neoxabea bipunctata*）的进化过程时发现，如果它们待在树叶的一个孔洞的边缘，将头部放到孔里，然后将翅膀举过头顶，这样它们的翅膀几乎填满整个叶孔；此

双斑树蟋（休息时，上图）在鸣叫时使用叶子上的孔洞来产生更响亮、更清晰的叫声（下图）。

时，它们唱歌时发出的声音——持续高亢的鸣叫声将会被放大。不是随便一个叶孔都可以做到这样，它的大小必须接近两个翅膀的面积总和。当满足这个条件时，叶孔就像一个隔音挡板，使得雄性发出的声音比它们自身体型应该发出的声音（在没有叶孔辅助的情况下）大得多。请记住，雌性树蟋通过体型来判断雄性树蟋的质量，它们通过雄性歌声的音量来间接评估它们的体型。中美洲的树蟋比双斑树蟋更进一步，它们不会花时间去寻找尺寸合适的叶孔，相反，它们会在希望放大歌声的方向的叶子上啃一个大小合适的叶孔。你也许会觉得这些雄性向乐于接受自己的雌性虚报它们的实际尺寸带有一点欺骗性；但这让我想起一个20岁男孩在银行里没有存款，却通过赊账买了一辆最豪华的汽车，然后用他表面的财富给他的约会对象留下了深刻的印象。也就是说，不只是雄性树蟋，还有其他物种会为了吸引有魅力雌性的眼球而夸大事实。

为冬天做准备

　　尽管大部分地区在九月仍然很温暖，但秋季正式开始的时间是在9月21日，冬天即将来临的迹象非常明显。菊科植物开始从开花转变为结果，松果菊、月见草和黑心菊已经结了饱满的种子，大多数其他夏季开花的植物都是如此。事实上，各种各样的种子在九月是最丰富的。对于取食种子的动物来说，这是一个真正的恩赐，但这些果实成熟具有非常强的同步性和短暂性，并且每年只有一次。因此，所有取食种子的动物，包括松鼠、花栗鼠、老鼠和许多鸟类，必须以疯狂的效率尽可能多地收集这些种子并将其储藏起来，为种子数量少的寒冷冬季做好充分的食物储备。

如果你在九月放置上鸟类喂食器，你将能看到这出好戏的发生。对于觅食的鸟类来说，没有什么比储备充足的喂食器更便利的了，除了多汁的昆虫外，这是它们最喜欢的食物来源。例如，当你观察喂食器旁边的山雀时，你会发现它们不会像许多雀类那样待在那里一粒又一粒地吃种子。相反，它们会冲过来，叼住一粒种子然后就飞走了，飞到你看不见的地方。接下来它们会用种子做什么呢？它们把种子藏在只有它们自己知道的隐秘的地方。随着时间的推移，这些鸟类在安全可靠的地方建立了自己的种子贮藏库，它们将在整个冬天访问这些地方来获取食物。种子贮藏者不知道你会在整个冬天都放置喂食器，它们将你的喂食器当作它们在九月发现的任何其他临时种子供应点一样，在其他鸟类带走种子之前尽可能多地收集种子，并将它们藏在安全的地方以备后用。这时橡树就派上用场了，许多橡树尤其是白栎组的橡树，树皮略微蓬松，有数千个角落和缝隙适合将种子藏进去。古老的橡树由于树枝的掉落或啄木鸟的觅食形成了大量的裂缝。所有这些地方都是鸟类存放秋季种子的潜在安全场所。

　　和人类一样，有些物种的鸟类比其他鸟类更狡猾，它们会窃取其他种子储藏者的辛勤劳动。冠蓝鸦（以及其他松鸦物种）在这方面是最臭名昭著的物种。它们会静静地待着，看着山雀们来来往往；然后，以几乎和那些小鸟储存种子一样快的速度去吃掉那些藏好的种子。这就更有理由创造出为自己和窃食者提供足够种子的场所了。

结　语

　　在前面的章节中，我已经描述了一些在一年时间内与橡树相关的生物，尤其是种植在我家院子里的那些橡树。如果我没有种植那些橡树，我提到的这些动物都无法在我们的院子里茁壮成长；反过来，也不会有任何依赖这些橡树上的生物的物种。我对那些完全依赖于橡树或只是将橡树作为资源之一的物种的调查并不详尽，我敢打赌作为读者的你对成千上万已知的与橡树相关的动物的讨论将会很快超过我作为作者的认知。相反，我的意图是将这本书作为一个起点，来激发你对橡树群落的兴趣或者增加你对橡树在整个生态系统中发挥的核心作用的认识，事实上，北半球的生态系统也是如此。

　　如果你有兴趣为当地动物保护做出贡献，或者喜欢在家中欣赏自然奇观，那么种植一棵或多棵橡树是一个好方法。

　　虽然橡树能活到成为美国生态系统的古老基石，但是这些曾经为一级级生物多样性提供如此多独特生态位的古老巨树现在基本上从我们的景观中消失了。无论橡树生长在哪里，它们都是珍贵的木材供应者，大多数的大型标本都是几个世纪前被采集的。在这些"巨人"消失很久后，我们继续破坏各地的橡树栖息地。大片橡树林被"开发"（从生态学的角度，这是最讽刺的词之一），被改造成农田或牧场，或者由于防火而发生很大的变化。事实上，东部森林中橡树的比例已经从欧洲人定居前的55%下降到今天的25%（Hanberry and Nowacki 2016）。加上过去8000年来有利于橡树健康的气候崩溃的压力，和人类带来的栎树猝死病、橡树枯萎病和橡树焦叶病等疾病，以及舞毒蛾等入侵性害虫，许多橡树物种现在都岌岌可危。伊利诺伊州莱尔镇莫顿树木园的最近一项研究发现，北美的91种橡树物种中有28种（超过30%）数量在减少，它们可能很快就会从野外永远消失（Morton Arboretum 2015）。例如巨大的俄勒冈栎（*Quercus garryana*）在过去的200年中已经丧失了97%的栖息地。

如果我们不接受成千上万依赖橡树的其他植物和动物的消失，我们就不会轻易接受橡树的消失。例如，英国橡树数量的下降威胁着大约2300种其他物种的生存（Mitchell et al. 2019）。幸运的是，我们没有理由接受橡树的消失是不可避免的这种论述，恢复橡树种群没有技巧，也不缺乏恢复橡树种群的地方。如果把各种非农业景观用地如郊区开发、城市公园、高尔夫球场、矿山复垦地等土地加起来，总共有243万平方公里，这些土地占美国48个州面积的33%。我们过去没有对这些地方进行保护，那是因为过去我们的保护模式是基于这样的观念："人类和他们的尾矿在这里，而自然在其他地方。"这种相互排斥的模式令我们失望，现在已经没有

足够的未受限的地方来维持我们赖以生存的自然世界了。因此，我们唯一的选择是找到与其他物种共存的方法。没错，我们必须在人类众多的地方构建包含所有功能的生态系统。

　　这可能比你想象的更容易一些。从有效保护的角度来看，幸运的是我们人类主导的许多景观结构上类似于曾经主导北美的高度多样化和阳光普照的生态系统。我们听说的松鼠可以通过树梢从大西洋穿到密西西比河而不接触地面的故事可能从未发生过。越来越多的证据表明，整个美国（实际上是全世界温带地区）的落叶林在历史上比今天黑暗和封闭的树冠森林要开阔得多，类似于点缀着各种参天大树和大量喜阳草原植物，以及所有依赖它们的昆虫、鸟类、哺乳动物、爬行动物和两栖动物的稀树草原（Mitchell 2004）。人们认为，让这些森林保持开阔的是统治着北美数百万年的巨大而丰富的更新世哺乳动物，如肩高3米或更高的美洲乳齿象这样的哺乳动物，或成群的重达1.8吨的让现代野牛相形见绌的大地懒，以及不胜枚举的骆驼、野马、貘和野猪等。更新世末期这些动物的消失，使北半球的森林变得比以往任何时候都更加茂密和阴凉，这抑制了那些需要大量光照的草原植物物种。曾经每英亩有数百种植物的地方现在变少了。我的观点是，我们也许能在不重建我们现在生活、工作和娱乐场所的基础上，而只通过在我们现有的景观中增加正确的植物的基础上，就能够恢复许多古老的生物多样性。

许多现今的开放空地类似于更新世哺乳动物被猎杀灭绝之前北美景观中的热带草原的结构。

　　我们人类在短暂的时光里度过我们的一生。我们不能在一瞬间让古老的橡树回归到我们的景观中，但我们可以（事实上我们必须）开始这个过程。我在院子里种了许多巨大的橡树，只不过它们只有19岁，还不是很大。但它们正在长大，在我撰写这篇文章时，有几棵已经超过了9米。一眨眼的工夫它们就会长到足够大、足够老，那时它们可以完全占据我院子的核心位置。以采掘业为基础的赢家通吃的经济，加上我们不受控制的人口扩张，引发了地球40亿年历史上的第六次大灭绝事件。除非我们立即采取行动，否则未来几年将会有超过100万的物种灭绝（Sartore 2019）。我们别无选择，只能阻止这样的损失，不是因为我们是好人，而是因为这些物种维系着我们赖以生存的生态系统。我所说的"我们"是指地球上的每一个人，而不仅仅是意识到地球可持续管理必要性的极少数人。尽管它们即将灭绝已经够糟糕了，但我们应该担心的不是稀有和濒危物种的丧失，以及它们的种群不再大到足以对我们的生态系统产生重大影响。相反，我们必须防止的是像橡树这样的普通物种的消失，就好像人类的福祉取决于它们一样。事实上确实如此。

致　谢

　　这本书的某些章节对读者来说似乎相对不那么重要，但这需要超越友谊的巨大的努力才能完成。切胸蚁属蚂蚁这一节尤为突出，它们在象甲离开后的橡子里筑巢。我需要一张蚂蚁的照片。我不是蚂蚁爱好者，但我的朋友史蒂夫·维尔（Steve Vail）是。我随口提起假如他遇到任何切胸蚁属蚂蚁，能不能帮我保留几只。他不仅把寻找目标蚂蚁当成他自己的事，而且还用他的私人飞机将蚂蚁从他新泽西州的家中送到我附近的一个小机场！当日送达，比亚马逊还好！

　　对这本书的第二个伟大贡献是由著名的橡木专家盖伊·斯滕伯格（Guy Sternberg）做出的。我后来决定增加一个橡子变异性的部分，但当我做出这个决定的时候各地的橡子均已掉落了。我问盖伊是否他碰巧有橡子可以拍照。他说没有，但他知道有人会有。最后，他亲自从密苏里州、佐治亚州和路易斯安那州收集了橡子，并亲自拍下了我需要的照片。我非常感谢史蒂夫和盖伊。

　　其他难以获得的照片由非凡的微距摄影师莎拉·布莱特（Sara Bright，细尾青灰小蝶）和戴夫·芬克（Dave Funk，蟊斯）提供。我很荣幸认识他们俩。

　　我还要感谢我坚定的研究助理金伯利·什罗普郡（Kimberley Shropshire），他帮助我完成了书中提到的每一个研究项目，以及我的研究生德西雷·纳兰戈、阿什利·肯尼迪（Ashley Kennedy）和亚当·米切尔，每当我因为写作而分心时，他们都会容忍我对他们的忽视。最后，我还要感谢我的妻子辛迪，如果没有她的鼓励和必不可少的帮助，这本书或其他任何一本书的一个字都写不出来。如果每个人都能如此幸运，那这将是一个多么美好的世界！

参考文献

Alcock, J. 1998. "Taking the sting out of wasps." *American Gardener* 77: 20–21.

Angst, Š.T., et al. 2017. "Retention of dead standing plant biomass (marcescence) increases subsequent litter decomposition in the soil organic layer." *Plant and Soil* 418:571–579.

Bailey, R.K., et al. 2009. "Host niches and defensive extended phenotypes structure parasitoid wasp communities." *PLoS Biology* 7:1–12.

Bossema, I. 1979. "Jays and oaks: An eco-ethological study of symbiosis." *Behaviour* 70:1–117.

Condon, M.A., et al. 2008. "Hidden neotropical diversity: greater than the sum of its parts." *Science* 320:928–931.

Cotrone, V. 2014. "A green solution to stormwater management." Penn State Extension. extension.psu.edu/a-green-solution-to-stormwater-management.

Dirzo, R., et al. 2014. "Defaunation in the Anthropocene." *Science* 345:401–406.

Dolbear, A.E. 1897. "The cricket as a thermometer." *The American Naturalist* 31:970–971.

Faaborg, J. 2002. *Saving Migrant Birds*. Austin: University of Texas Press.

Forister, M.L., et al. 2015. "Global distribution of diet breadth in insect herbivores." *Proceedings of the National Academy of Sciences* 112:442–447.

Grandez-Rios, J.M., et al. 2015. "The effect of host-plant phylogenetic isolation on species richness, composition and specialization of insect herbivores: a comparison between native and exotic hosts." *PLoS ONE* 10:e0138031.

Griffith, R. 2014. "Marcescence." Youtube.com (video with narration).

Gwynne, D.T. 2001. *Katydids and Bush-crickets*. Ithaca, N.Y.: Comstock Publishing Associates.

Hanberry, B.B., and G.J. Nowacki. 2016. "Oaks were the historical foundation genus of east-central United States." *Quaternary Science Reviews* 145:94–103.

Heinrich, B., and R. Bell. 1995. "Winter food of a small insectivorous bird, the Golden-crowned Kinglet." *Wilson Bulletin* 107:558–561.

Janzen, D.H. 1968. "Host plants as islands in evolutionary and contemporary time." *The American Naturalist* 102:592–595.

———. 1973. "Host plants as islands, ii: competition in evolutionary and contemporary time." *The American Naturalist* 107:786–790.

Kelly, D., and V.L. Sork. 2002. "Mast seeding in perennial plants: why, how, where?" *Annual Review of Ecology and Systematics* 33:427–447.

Kerlinger, P. 2009. *How Birds Migrate*. Mechanicsburg, Pa.: Stackpole Books.

Koenig, W., and J. Knops. 2005. "The mystery of masting in trees." *American Scientist* 93:340.

Koenig, W.D., et al. 2018. "Effects of mistletoe (*Phoradendron villosum*) on California oaks." *Biology Letters* 14:20180240.

Korner, C. 2017. "A matter of tree longevity." *Science* 355:130–131.

Krauss, J., and W. Funke. 1999. "Extraordinary high density of

Protura in a windfall area of young spruce plants." *Pedobiologia* 43:44–46.

Logan, W.B. 2005. *Oak: The Frame of Civilization*. New York: W.W. Norton.

Mitchell, F.J.G. 2004. "How open were European primeval forests? Hypothesis testing using paleoecological data." *Journal of Ecology* 93:168–177.

Mitchell, R.J., et al. 2019. "Collapsing foundations: the ecology of the British oak, implications of its decline and mitigation options." *Biological Conservation* 233:316–327.

Morton Arboretum. 2015. mortonarb.org/science-conservation/global-tree-conservation/projects/global-oak-conservation-partnership.

Narango, D., et al. 2017. "Native plants improve breeding and foraging habitat for an insectivorous bird." *Biological Conservation* 213:42–50.

——. 2018. "Nonnative plants reduce population growth of an insectivorous bird." *Proceedings of the National Academy of Sciences* 115:11549–11554.

Ostfeld, R.S., et al. 1996. "Of mice and mast." *BioScience* 46:323–330.

Pearse, I.S., et al. 2016. "Mechanisms of mast seeding: resources, weather, cues, and selection." *New Phytologist* 212: 546–562.

Platt, H.M. 1994. Foreword to *The Phylogenetic Systematics of Free-living Nematodes* by S. Lorenzen and S.A. Lorenzen. London: The Ray Society.

Ponge, J., et al. 1997. "Soil fauna and site assessment in beech stands of the Belgian Ardennes." *Canadian Journal of Forest Research* 27:2053–2064.

Richard, M., D.W. Tallamy, and A. Mitchell. 2018. "Introduced plants reduce species interactions." *Biological Invasions* 21:983–992.

Rosenberg, K.V., et al. 2019. "Decline of North American avifauna." *Science* 366:120–124.

Sartore, J. 2019. "One million species at risk of extinction, UN report warns."nationalgeographic.com/environment/2019/05/ipbes-un-biodiversity-report-warns-one-million-species-at-risk/#close.

Sourakov, A. 2013. "Two heads are better than one: false head allows *Calycopis cecrops* (Lycaenidae) to escape predation by a jumping spider, *Phidippus pulcherrimus* (Salticidae)." *Journal of Natural History* 47:15–16.

Southwood, T.R.E., and C.E.J. Kennedy. 1983. "Trees as islands." *Oikos* 41:359–371.

Svendsen, C.R. 2001. "Effects of marcescent leaves on winter browsing by large herbivores in northern temperate deciduous forests." *Alces* 37:475–482.

Sweeney, B.W., and J.D. Newbold. 2014. "Streamside forest buffer width needed to protect stream water quality, habitat, and organisms." *Journal of the American Water Resources Association* 50:560–584.

Sweeney, B.W., and J.G. Blaine. 2016. "River conservation, restoration, and preservation: rewarding private behavior to enhance the commons." *Freshwater Science* 35:755–763.

Tallamy, D.W. 1999. "Child care among the insects." *Scientific American* 280:50–55.

Tallamy, D.W., and W.P. Brown. 1999. "Semelparity and the evolution of maternal care in insects." *Animal Behavior* 57:727–730.

Yeargan, K.V., and S.K. Braman. 1989. "Life history of the hyperparasitoid *Mesochorus discitergus* and tactics used to overcome the defensive behavior of the green cloverworm." *Annals of the Entomological Society of America* 82:393–398.

怎样种植一棵橡树

　　无论您是通过播种橡子、栽植裸根苗或较大的带土的树来增加景观中橡树的数量，了解一些关于橡树种植的基本知识是决定成败的关键。无论您选择哪种方法，第一步都是为橡树选择合适的种植地点。记住最重要的事情是橡树生长，与城市传说相反，许多物种生长得非常快。考虑到这一点，一定要为您的橡树分配足够的空间，这样在橡树长成大树时就可以在景观中不断加入其他植物。想象10年、20年、30年后的景观需要一点想象力，但这项规划是值得的。时间过得比我们想象的都要快。

　　增加成片的橡树林而不是孤立的单棵橡树，种植时间也是您应该考虑的问题。正如我在"二月"那一章中所描述的那样，两三棵彼此间隔不到3米的树在生长过程中其根部会相互缠绕在一起，因此当它们长大时更不容易被风刮倒。在我们的森林中这是自然的间距。

　　虽然我可能不一定成功，但我会尽力说服你去播种橡子而不是移栽已生根发芽的树。橡子是免费、数量多且容易获得的，相比移栽驯化苗，它们会长成更健康的树木。它们唯一给不了你的是即时的满足。但如果您决定尝试播种橡子，

　　这里有一些提示可以帮助您。首先，知道你种植的是哪个种。在秋季，白栎组的橡树种子从母树上掉下来后几天便能发芽，这些种子应该在收集后不久就种植，种植深度大约1.5厘米（假装你是一只松鼠或一只冠蓝鸦储存坚果过冬）。橡子会在秋天将主根送入地下，但直到春天才会以上胚轴出土的形式露出地面。

　　与之不同，红栎组橡树的种子直到第二年春天才会发芽。即便如此，也不要等到春天才收集你要种的红栎种子。通常，您在春季唯一能找到的橡子是劣质或被损坏的，这些橡子已经在冬季被无数吃橡子的动物拒绝过多次了。与白栎组的橡子一样，红栎的橡子在秋天掉落后不久便要收集，要么立即种，要么将其放入装有潮湿泥炭藓的密封塑料袋中然后存放在冰箱冷藏，直到次年三月中旬。这将在漫长的冬季里保护它们免受饥饿的啮齿动物的侵害。

　　这让我们在播种橡子时做出了一个重要决定。如果你把它们种在最终种植的地方，它们很有可能在发芽前被一些动物发现并被摧毁。出于这个原因，我将橡子种在深花盆中，盆内放入排水良好的当地土壤和盆栽介质的混合物。然后，您需要保护您的花盆免受老鼠的啃食，最好是放在冬季寒冷但极地涡旋不是很强的地方。请记住，您的花盆不会从其下方未冻结的土壤中获得任何热量，就像您的橡子直接种在地里一样。

　　冬季的另一个挑战是干燥，如果您将花盆放在不接触季节性雨雪的地方，您的橡子可能会变干。您可以通过每月一次少量浇水来避免这个问题。在春天，等到幼苗完全展开它的第一片真叶时，把它移栽至地里。但别拖得太久，因为橡树根很快就会长满花盆，这种情况通常会在移植后数月或数年导致树木死亡。这一切听起来可能相当复杂，但其实并没有那么难，在我看来，这比花费数千美元来购买一棵大树要好得多。

　　说到大树，这是人们获得橡树的最常见方式，但它有严重的缺陷。为了即时满足，并且由于人们错误地认为如果你种一棵小树，你在还没来得及享受之前就已经死了，许多人愿意花数千美元来购买一棵胸径8—10厘米的橡树。重申一遍，这种方法有很多缺点，因此种植大橡树排在我"如何获得橡木"清单的最后面。但这也是一种选项。

　　在播种橡子和购买大树之间有一种合理的折中方案，那就是购买便宜的裸根苗。裸根苗是修剪得很厉害的休眠树，高度只有1米左右。所有的泥土都已从根部去除（因此称为"裸根"），因此它们很轻，易于运输，每棵只需几美元。裸根苗种植前可以存放几天，只需将其根部保持湿润放在塑料袋中即可。最好在早春种植裸根苗，这样它们就可以与季节同步打破休眠。挖一个比根宽三分之一的坑，这样根会从树干处自然舒展，但要注意不要挖比根颈（树干上最早长出根的地方）更深的洞。种树时将根颈埋于地下是杀死它的最常见方法。有些人喜欢挖一个深洞，然后将其回填到适当的深度，但这也是应该避免的。回填的土壤会随着时间的推移而沉降，导致根颈不断降低。一旦你确定深浅合适后，在保持树直立到位的情况下回填洞坑。上下摇晃根部，以确保土壤填满根部的所有空隙，同时在头一两天内浇足定根水。

　　你的小橡树可能需要一定的保护使其免受兔子和鹿等哺乳动物的侵害——取决于你居住的地方。我用一个足够宽的、1.5米高的圆桶形铁丝网，这样幼苗就可以伸展它的树枝而不会被网弄得变形。如果你从一颗橡子开始种植，随着小树的长大你要增大网的尺寸。我承认这些网很难看，但在我们控制鹿群数量之前，我发现这是防止鹿群侵害的最万无一失的方法。没有什么比护理橡树几年却因为过早地取下网，结果橡树被鹿咬断更令人愤怒的了。你的橡树很快就会长到能够摆脱鹿的危险，等到你把网永远移开的那一天你就可以庆祝解放了！

北美本土橡树

区域简称：亚拉巴马（AL）、阿肯色州（AR）、亚利桑那州（AZ）、加利福尼亚州（CA）、科罗拉多州（CO）、康涅狄格州（CT）、特拉华州（DE）、佛罗里达州（FL）、佐治亚州（GA）、艾奥瓦州（IA）、爱达荷州（ID）、伊利诺伊州（IL）、印第安纳州（IN）、肯塔基州（KY）、堪萨斯州（KS）、路易斯安那州（LA）、马萨诸塞州（MA）、马里兰州（MD）、缅因州（ME）、密歇根州（MI）、明尼苏达州（MN）、密苏里州（MO）、密西西比州（MS）、蒙大拿州（MT）、北卡罗来纳州（NC）、北达科他州（ND）、内布拉斯加州（NE）、新罕布什尔州（NH）、新泽西州（NJ）、新墨西哥州（NM）、内华达州（NV）、纽约州（NY）、俄亥俄州（OH）、俄克拉何马州（OK）、俄勒冈州（OR）、宾夕法尼亚州（PA）、罗得岛州（RI）、南卡罗来纳州（SC）、南达科他州（SD）、田纳西州（TN）、得克萨斯州（TX）、犹他州（UT）、佛蒙特州（VT）、弗吉尼亚州（VA）、华盛顿州（WA）、威斯康星州（WI）、西弗吉尼亚州（WV）、怀俄明州（WY）

槭叶栎（*Q. acerifolia*, maple-leaf oak）：AR（北部，稀少）。

加州栎（*Q. agrifolia*, coastal live oak）：CA。

阿霍山栎（*Q. ajoensis*, Ajo Mountain oak）：AZ（南部）。

美国白栎（*Q. alba*, northern white oak）：ME、NH、VT、MA、CT、RI、NY、PA、NJ、DE、MD、VA、NC、SC、GA、FL、AL、MS、LA、MI、WI、MN、WV、KY、TN、MO、AR、OH、IN、IL、IA、TX（东部）、OK（东部）、KS（东部）。

亚利桑那白栎（*Q. arizonica*, Arizona white oak）：NM、AZ、TX（西部）。

阿肯色栎（*Q. arkansana*, Arkansas oak）：GA（稀少）、AL（稀少）、MS（稀少）、LA、FL（西部）、TX（东部）、AR（西南部）。

峭壁栎（*Q. austrina*, bluff oak）：AL、MS、FL（北部）、NC（稀少）、SC（稀少）、GA（稀少）、AR（西南部）。

加利福尼亚矮栎（*Q. berberidifolia*, California scrub oak）：CA。

双色栎（*Q. bicolor*, swamp white oak）：MA、CT、RI、NY、PA、NJ、DE、MD、VA、WV、KY、TN、MO、IN、IL、IA、VT（西部）、ME（稀少）、NC（稀少）、SC（稀少）、AL（北部）、NE（东部）。

博因顿沙生星毛栎（*Q. boyntonii*, Boynton's sand post oak）：AL（中部，稀少）。

巴克利栎（*Q. buckleyi*, Buckley's oak）：TX、OK。

奇索斯栎（*Q. canbyi*, Chisos oak）：TX（西部，稀少）。

墨西哥栎（*Q. carmenensis*, Mexican oak）：TX（西部，稀少）。

塞德罗斯岛栎（*Q. cedrosensis*, Cedros Island oak）：CA（南部，稀少）。

查普曼栎（*Q. chapmanii*, Chapman's oak）：FL、AL（南部）、SC（稀少）、GA（东部）。

奇瓦瓦栎（*Q. chihuahuensis*, Chihuahuan oak）：TX（西部，稀少）。

金杯栎（*Q. chrysolepis*, canyon live oak）：AZ、CA、NV（西部）、OR（西南部）、NM（西南部，稀少）。

猩红栎（*Q. coccinea*, scarlet oak）：MA、CT、RI、NY、PA、NJ、DE、MD、VA、NC SC、GA、AL、MS、WV、KY、TN、MO、OH、IN、IL、AR（东部）WI（南部）、VT（稀少）、ME（南部）、LA（东部）。

灌丛栎（*Q. cornelius-mulleri*, scrub oak）：CA（南部）。

戴维斯山栎（*Q. depressipes*, Davis Mountain oak）：TX（西部，稀少）。

蓝栎（*Q. douglasii*, blue oak）：CA。

海岸矮栎（*Q. dumosa*, coastal sage scrub oak）：CA。

皮革栎（*Q. durata*, leather oak）：CA。

北方针叶栎（*Q. ellipsoidalis*, northern pin oak）：IA、MI、WI、MN、OH（北部）、IN（北部）、 IL（北部）、ND（极东部）。

艾氏栎（*Q. emoryi*, Emory oak）：NM、AZ、TX（西部）。

英格曼栎（*Q. engelmannii*, Engelmann's oak）：CA（南部，稀少）。

南方红栎（*Q. falcata*, southern red oak）：DE、MD、VA、NC、SC、GA、FL、
　　AL、MS、LA、WV、KY、TN、NJ（南部）、MO（南部）、IN（南部）、IL
　　（南部）、TX（东部）、OK（东部）、PA（东南部，稀少）、OH（南部）。

高原栎（*Q. fusiformis*, plateau oak）：TX、OK（南部）。

深裂叶栎（*Q. gambelii*, Gambel's oak）：NM、AZ、CO、UT、WY（南部）、
　　NV（南部）、TX（西部）、NE（稀少）、ID（南部）、OK（西部）。

俄勒冈栎（*Q. garryana*, Oregon white oak）：CA、OR（西部）、WA（西部）。

沙漠栎（*Q. geminata*, sand live oak）：FL、NC（沿海）、SC（沿海）、GA（沿
　　海）、AL（南部）、MS（南部）、LA（南部）。

佐治亚栎（*Q. georgiana*, Georgia oak）：GA（中部）、NC（稀少）、SC（稀
　　少）、AL（稀少）。

格雷夫斯栎（*Q. gravesii*, Graves' oak）：TX（西部）。

灰栎（*Q. grisea*, gray oak）：NM、AZ、TX（西部）、CO（南部）。

哈弗德栎（*Q. havardii*, Havard's oak）：TX（西北部）、OK（西部）、NM（东
　　部）、KS（南部，稀少）。

达灵顿栎（*Q. hemisphaerica*, Darlington oak）：SC、FL、AL、MS、LA、
　　NC（东部）、TX（东部）、GA（南部）、AR（极南部）、VA（东南部，
　　稀少）。

欣克利栎（*Q. hinckleyi*, Hinckley's oak）：TX（西部）。

银叶栎（*Q. hypoleucoides*, silver-leaf oak）：AZ（东南部）、NM（西南部）、
　　TX（西部，稀少）。

熊栎（*Q. ilicifolia*, bear oak）：NH、MA、CT、RI、NY、PA、NJ、MD、ME（南
　　部）、VA（西部）、WV（东部）、VT（南部，稀少）、NC（西部）。

卵石栎（*Q. imbricaria*, shingle oak）：PA、MD、WV、KY、TN、MO、AR、
　　OH、IN、IL、IA（南部）、MI（南部）、TX（极东）、KS（极东）、AL（北
　　部）、LA（稀少）、VA（西部）、NC（西部）、GA（北部）、MS（北部）、NJ
　　（南部）。

灰白栎（*Q. incana*, bluejack oak）：NC、SC、GA、FL、AL、MS、LA、VA（南
　　部）、AR（东南部）、TX（东部）、OK（东部，稀少）。

沙丘栎（*Q. inopina*, sandhill oak）：FL、AL（南部）、SC（稀少）、GA
（东部）。

侏儒栎（*Q. intricata*, dwarf oak）：TX（西部）。

塔克栎（*Q. john-tuckeri*, John-Tucker's oak）：CA（南部）。

加利福尼亚黑栎（*Q. kelloggii*, California black oak）：CA、OR（西南部）。

蕾西栎（*Q. laceyi*, Lacey's oak）：TX（中部、西部）。

美洲土耳其栎（*Q. laevis*, turkey oak）：FL、AL（南部）、SC（南部）、GA（南
部）、MS（东南部）、NC（东部）、VA（东南部, 稀少）、LA（东部）。

桂叶栎（*Q. laurifolia*, laurel oak）：NC、SC、GA、AR、VA（东南部）、TN（中
部、南部）、TX（东部）。

山谷白栎（*Q. lobata*, valley oak）：CA。

琴叶栎（*Q. lyrata*, overcup oak）：NC、SC、GA、AL、MS、LA、KY、TN、
AR、VA（东部）、TX（东部）、OK（东部）、MD（南部）、IL（南部）、MO
（东南部）、FL（北部）、DE（稀少）、NJ（南部）、IN（南部）。

大果栎（*Q. macrocarpa*, bur oak）：ME、NH、VT、NY、PA、TX、OK、WV、
KY、MO、AR、OH、IN、IL、IA、KS、NE、SD、ND、MI、WI、MN、TN
（西部）、WY（东北部）、CT（稀少）、MD（稀少）、AL（稀少）、MS（稀
少）、LA、VA（西部）、MA（西部）、NM（西北部）、MT（东南部）。

沙生星毛栎（*Q. margarettae*, sand post oak）：NC、SC、GA、FL、AL、MS、
LA、OK、TX（东部）、VA（东南部, 稀少）。

马州栎（*Q. marilandica*, blackjack oak）：MD、VA、NC、SC、GA、AL、MS、
LA、OK WV、KY、TN、MO、AR、IL、IN（南部）、IA（南部）、TX（东
部）、KS（东部）、FL（西部）、PA（东南部）、DE（稀少）、NY（长岛地
区）、OH（南部）、NE（东部）。

沼生栗栎（*Q. michauxii*, swamp chestnut oak）：DE、MD、VA、NC、SC、GA、
AL、MS、LA、KY、TN、AR、IL（南部）、IN（南部）、TX（东部）、OK
（东部）、MO（东南部）、FL（北部）、NJ（稀少）、PA（东南部）。

矮小栎（*Q. minima*, dwarf live oak）：FL、SC（东部）、GA（南部）、NC（东南
部, 稀少）、AL（南部）、MS（南部）。

摩尔栎（*Q. mohriana*, Mohr's oak）：TX（西部）、OK（西部）、NM（东部）。

蒙大拿栎（*Q. montana*, chestnut oak）：MA、CT、RI、NY、PA、NJ、DE、MD、VA、AL、WV、KY、TN、OH、NH（南部）、IN（南部）、NC（西部）、SC（西部）、GA（北部）、MS（北部）、MI（东南部）、ME（东南部, 稀少）、IL（东南部, 稀少）、VT（西部）、MO（东南部）。

黄坚果栎（*Q. muehlenbergii*, chinkapin oak）：NY、PA、MD、SC、GA、AL、MS、LA、TX、OK、WV、KY、TN、MO、AR、OH、IN、IL、IA、FL（西部）、 CT（西部）、KS（东部）、NM（东部）、DE（北部）、NE（东南部）、MI（南部）、VT（稀少）、NJ（稀少）、NC（稀少）、WI（南部）、MA（西部）。

桃金娘栎（*Q. myrtifolia*, myrtle oak）：FL、AL（南部）、GA（东南部）、SC（稀少）、MS（南部）。

水栎（*Q. nigra*, water oak）：DE、MD、NC、SC、GA、FL、AL、MS、LA、TN、VA（东部）、TX（东部）、OK（东部）、NJ（稀少）、KY（稀少）、MO（东南部）。

墨西哥蓝栎（*Q. oblongifolia*, Mexican blue oak）：NM、AZ（南部）。

奥氏栎（*Q. oglethorpensis*, Oglethorpe oak）：AL（稀少）、MS（稀少）、LA（稀少）、SC（西部）、GA（北部）。

太平洋栎（*Q. pacifica*, Pacific oak）：CA（东南部, 稀少）。

鱼骨栎（*Q. pagoda*, cherry-bark oak）：NC、SC、GA、AL、MS、LA、AR、TN、VA（东部）、TX（东部）、OK（东部）、FL（西部）、KY（西部）、MD（南部）、IL（南部）、MO（东南部）、DE（稀少）、IN（南部）。

邓恩栎（*Q. palmeri*, Dunn's oak）：AZ、NM（西南部）、CA（中部、南部）。

沼生栎（*Q. palustris*, pin oak）：MA、CT、RI、NY、PA、NJ、DE、MD、VA、SC、AL、WV、KY、TN、MO、AR、OH、IN、IL、IA（南部）、MI（南部）、OK（东部）、KS（东部）、NC（稀少）、WI（稀少）、MS（北部）。

圣克鲁斯岛栎（*Q. parvula*, Santa Cruz Island oak）：CA（沿海）。

柳叶栎（*Q. phellos*, willow oak）：NJ、DE、MD、VA、NC、SC、GA、AL、MS、LA、KY、TN、AR、TX（东部）、OK（东部）、FL（北部）、MO（东

南部）、PA（稀少）、NY（长岛）、IL（南部）。

网叶白栎（*Q. polymorpha*, net-leaf white oak）：TX（东南部, 稀少）。

矮锥栎（*Q. prinoides*, dwarf chinkapin oak）：VT、MA、CT、RI、NY、PA、AL、MS、LA、OK 、TN、MO、NH（南部）、IA（南部）、MI（南部）、SC（西部）、KS（东部）、DE（稀少）、MD（稀少）、VA（稀少）、KY（稀少）、IN（稀少）、NC（西部）、GA（北部）、NE（东南部）。

普米拉栎（*Q. pumila*, running oak）：SC、GA、FL、AL（南部）、 MS（南部）、NC（东南部, 稀少）。

砂纸栎（*Q. pungens*, sandpaper oak）：NM、AZ（南部）、TX（西部）。

罗布斯塔栎（*Q. robusta*, robust oak）：TX（西部, 稀少）。

红槲栎（*Q. rubra*, northern red oak）：ME、NH、VT、MA、CT、RI、NY、PA、NJ、DE、MD、VA、NC、SC、AL、MS、WV、KY、TN、MO、AR、OH、IN、IL、IA、MI、WI、MN、OK（东部）、KS（东部）、NE（东部）、GA（北部）、LA（稀少）。

网叶栎（*Q. rugosa*, net-leaf oak）：TX（西部）、NM（西南部）、AZ（南部）。

萨德勒栎（*Q. sadleriana*, deer oak）：CA（北部）、OR（西南部）。

舒马栎（*Q. shumardii*, Shumard's oak）：VA、NC、SC、GA、AL、MS、LA、KY、TN、MO、AR、OH、IN、IL、TX（东部）、OK（东部）、KS（东部）、FL（北部）、MD（稀少）、PA（稀少）、WV（稀少）、NY（西部）、MI（南部）、NE（东南部）。

洼地星毛栎（*Q. similis*, bottomland post oak）：MS、LA、TX（东部）、SC（东部, 稀少）、GA（东部, 稀少）、AL（南部）。

杂种栎（*Q. sinuata*, bastard oak）：AL、MS、TX、FL（北部）、SC（稀少）、GA（稀少）、LA（稀少）、AR（南部）、OK（南部）。

星毛栎（*Q. stellata*, post oak）：CT、NY、PA、NJ、DE、MD、VA、NC、SC、GA、AL、MS、LA、TX、OK、WV、KY、TN、MO、AR、OH（南部）、IN（南部）、IL（南部）、IA（南部）、MA（东部）、KS（东部）、FL（北部）、NE（东南部）、RI（稀少）。

晚叶栎（*Q. tardifolia*, late-leaf oak）：TX（西部, 稀少）。

得克萨斯红栎（*Q. texana*, Texas red oak）：AL、MS、LA、AR、TX（东部）、TN（西部）、KY（西部, 稀少）、IL（南部）、MO（东南部）、OK（东部）。

岛屿栎（*Q. tomentella*, island live oak）：CA（东南部, 稀少）。

图米栎（*Q. toumeyi*, Toumey's oak）：NM（西南部）、AZ（南部）、TX（西部, 稀少）。

灌木栎（*Q. turbinella*, shrub live oak）：NM、AZ、CO、UT、NV（东部）、TX（西部, 稀少）、CA（西南部）。

越橘栎（*Q. vacciniifolia*, huckleberry oak）：CA、NV（西部）、OR（西南部）。

维西栎（*Q. vaseyana*, Vasey's oak）：TX（中部、西部）。

美国绒毛栎（*Q. velutina*, black oak）：ME、NH、VT、MA、CT、RI、NY、PA、NJ、DE、MD、VA、NC、SC、GA、AL、MS、LA、WV、KY、TN、MO、AR、OH、IN、IL、IA、MI、WI、MN（西部）、KS（西部）、TX（西部）、OK（西部）、NE（东南部）、FL（北部）。

索诺兰栎（*Q. viminea*, Sonoran oak）：AZ（东南部, 稀少）。

弗吉尼亚栎（*Q. virginiana*, live oak）：SC、FL、AL、MS、LA、TX、NC（东部）、GA（南部）、OK（南部, 稀少）、VA（东南部）、TN（西南部）。

矮丛栎（*Q. welshii*, shinnery oak）：AZ（北部）、CO（西部）、NM（西北部）、UT（东南部）。

内陆栎（*Q. wislizeni*, interior live oak）：CA。

为你所在区域
选择最合适的橡树

东北部地区：

缅因州（ME）、新罕布什尔州（NH）、佛蒙特州（VT）、
马萨诸塞州（MA）、康涅狄格州（CT）、罗得岛州（RI）

大树

美国白栎：ME、NH、VT、MA、CT、RI。

大果栎：ME、NH、VT、CT（稀少）、MA（西部）。

蒙大拿栎：MA、CT、RI、NH（南部）、VT（西部，稀少）、ME（南部）。

沼生栎：MA、CT、RI。

红槲栎：ME、NH、VT、MA、CT、RI。

星毛栎：CT、MA（东部）、RI（稀少）。

美国绒毛栎：ME、NH、VT、MA、CT、RI。

中型树

双色栎：MA、CTRI、VT（西部）、ME（稀少）。

猩红栎：MA、CT、RI、VT（稀少）、ME（南部）。

黄坚果栎：CT（西部）、VT（稀少）、MA（西部）。

小树

熊栎：NH、MA、CT、RI、ME（南部）、VT（南部，稀少）。

矮锥栎：VT、MA、CT、RI、NH（南部）。

中大西洋地区：

纽约州（NY）、宾夕法尼亚州（PA）、新泽西州（NJ）、特拉华州（DE）、
马里兰州（MD）、弗吉尼亚州（VA）

大树

美国白栎: NY、PA、NJ、DE、MD、VA。

南方红栎: DE、MD、VA、NJ（南部）、PA（东南部，稀少）。

达灵顿栎: VA（东南部）。

卵石栎: PA、MD、NJ（南部，稀少）、VA（西部）。

美洲土耳其栎: VA（东南部，稀少）

桂叶栎: VA（东南部）。

大果栎: NY、PA、MD（稀少）、VA（西部）。

蒙大拿栎: NY、PA、NJ、DE、MD、VA。

水栎: DE、MD、VA（东部）、NJ（稀少）。

鱼骨栎: MD（南部）、VA（东部）、DE（稀少）。

沼生栎: NY、PA、NJ、DE、MD、VA。

柳叶栎: NJ、DE、MD、VA、PA（稀少）、NY（长岛）。

红槲栎: NY、PA、NJ、DE、MD、VA。

舒马栎: VA、MD（稀少）、PA、NY（西部）。

星毛栎: NY、PA、NJ、DE、MD、VA。

美国绒毛栎: NY、PA、NJ、DE、MD、VA。

弗吉尼亚栎: VA（东南部，稀少）。

中型树

双色栎: NY、PA、NJ、DE、MD、VA。

猩红栎: NY、PA、NJ、DE、MD、VA。

琴叶栎: MD（南部）、VA（东部）、DE（稀少）、NJ（南部）。

马州栎: MD、VA、PA（东南部）、DE（稀少）、NY（长岛）。

沼生栗栎: DE、MD、VA、NJ（稀少）、PA（东南部）。

黄坚果栎: NY、PA、MD、DE(北部)、NJ(稀少)。

小树

熊栎: NY、PA、NJ、MD、VA(西部)。

灰白栎: VA(南部)。

沙生星毛栎: VA(东南部, 稀少)。

矮锥栎: NY、PA、DE(稀少)、MD(稀少)、VA(稀少)。

东南部地区:

北卡罗来纳州(NC)、南卡罗来纳州(SC)、佐治亚州(GA)

大树

美国白栎: NC、SC、GA。

阿肯色栎: GA(稀少)。

南方红橡: NC、SC、GA。

达灵顿栎: SC、NC(东部)、GA(南部)。

卵石栎: NC(西部, 稀少)、GA(北部)

美洲土耳其栎: NC(东部)、SC(南部)、GA(南部)。

桂叶栎: NC、SC、GA。

蒙大拿栎: NC(西部)、SC(西部)、GA(北部)。

水栎: NC、SC、GA。

奥氏栎: SC(西部, 稀少)、GA(北部)。

鱼骨栎: NC、SC、GA。

沼生栎: SC、NC(稀少)。

柳叶栎: NC、SC、GA。

红槲栎: NC、SC、GA(北部)。

舒马栎: NC、SC、GA。

洼地星毛栎: SC(东部, 稀少)、GA(东部, 稀少)。

杂种栎: SC(稀少)、GA(稀少)。

星毛栎: NC、SC、GA。

美国绒毛栎: NC、SC、GA。

弗吉尼亚栎: SC、NC(东部)、GA(南部)。

中型树

峭壁栎: NC(稀少)、SC(稀少)、GA(稀少)。

双色栎: NC(稀少)、SC(稀少)。

猩红栎: NC、SC、GA。

沙漠栎: NC、SC、GA三地的沿海平原。

佐治亚栎: GA(中部)、NC(稀少)、SC(稀少)。

琴叶栎: NC、SC、GA。

马州栎: NC、SC、GA。

沼生栗栎: NC、SC、GA。

黄坚果栎: SC、GA、NC(稀少)。

桃金娘栎: GA(东南部)、SC(稀少)。

小树

查普曼栎: SC(稀少)、GA(东部)。

熊栎: NC(西部, 稀少)。

灰白栎: NC、SC、GA。

沙丘栎: SC(稀少)、GA(东部)。

沙生星毛栎: NC、SC、GA。

矮小栎: SC(东部)、GA(南部)、NC(东南部, 稀少)。

矮锥栎: SC(西部)、NC(西部, 稀少)、GA(北部)。

普米拉栎: SC、GA、NC(东南部, 稀少)。

墨西哥湾沿岸地区:

佛罗里达州(FL)、亚拉巴马州(AL)、密西西比州(MS)、
路易斯安那州(LA)

大树

美国白栎: FL、AL、MS、LA。

阿肯色栎: AL（稀少）、MS、LA、FL（西部）。

南方红栎: FL、AL、MS、LA。

达灵顿栎: FL、AL、MS、LA。

卵石栎: AL（北部）、LA（稀少）、MS（北部）。

美洲土耳其栎: FL、AL（南部）、MS（东南部）、LA（东部，稀少）。

大果栎: AL（稀少）、MS、LA。

蒙大拿栎: AL、MS（北部）。

水栎: FL、AL、MS、LA。

奥氏栎: AL（稀少）、MS、LA。

鱼骨栎: AL、MS、LA、FL（西部）。

沼生栎: AL、MS（北部，稀少）。

柳叶栎: AL、MS、LA、FL（北部）。

红槲栎: AL、MS、LA（稀少）。

舒马栎: AL、MS、LA、FL（北部）。

洼地星毛栎: MS、LA、AL（南部，稀少）。

杂种栎: AL、MS、FL（北部）、LA（稀少）。

星毛栎: AL、MS、LA、FL（北部）。

得克萨斯红栎: AL、MS、LA。

美国绒毛栎: AL、MS、LA、FL（北部）。

弗吉尼亚栎: FL、AL、MS、LA。

中型树

峭壁栎: AL、MS、FL（北部）。

双色栎: AL（北部，稀少）。

猩红栎: AL、MS、LA（东部，稀少）。

沙漠栎: FL、AL（南部）、MS、LA。

佐治亚栎: AL（稀少）。

琴叶栎: AL、MS、LA、FL（北部）。

马州栎: AL、MS、LA、FL（西部）。

沼生栗栎: AL、MS、LA、FL（北部）。

黄坚果栎: AL、MS、LA、FL（西部）。

桃金娘栎: FL、AL（南部）、MS（南部，稀少）。

小树

博因顿沙生星毛栎: AL（中部，稀少）。

查普曼栎: FL、AL（南部）。

灰白栎: FL、AL、MS、LA。

沙丘栎: FL、AL（南部）。

沙生星毛栎: FL、AL、MS、LA。

矮小栎: FL、（南部，稀少）、MS（南部，稀少）。

矮锥栎: AL、MS、LA。

普米拉栎: FL、AL（南部）、MS（南部）。

西南部地区:

得克萨斯州（TX）、俄克拉何马州（OK）、新墨西哥州（NM）、
亚利桑那州（AZ）

大树

美国白栎: TX（东部）、OK（东部）。

阿肯色栎: TX（东部，稀少）。

南方红栎: TX（东部）、OK（东部）。

达灵顿栎: TX（东部）。

卵石栎: TX（极东部）。

桂叶栎: TX（东部）。

大果栎: TX、OK、NM（西北部，稀少）。

水栎: TX（东部）、OK（东部）。

鱼骨栎: TX（东部）、OK（东部）。

沼生栎: OK（东部）。

柳叶栎: TX（东部）、OK（东部）。

网叶白栎: TX（东南部，稀少）。

红槲栎: OK（东部）。

舒马栎: TX（东部）、OK（东部）。

洼地星毛栎: TX（东部）。

杂种栎: TX、OK（南部，稀少）。

星毛栎: TX、OK。

得克萨斯红栎: TX（东部）、OK（东部，稀少）。

美国绒毛栎: TX（东部）、OK（东部）。

索诺兰栎: AZ（东南部，稀少）。

弗吉尼亚栎: TX、OK（南部，稀少）。

中型树

巴克利栎: TX、OK。

墨西哥栎: TX（西部，稀少）。

金杯栎: AZ、NM（西南部，稀少）。

深裂叶栎: NM、AZ、TX（西部）、OK（西部，稀少）。

格雷夫斯栎: TX（西部）。

灰栎: NM、AZ、TX（西部）。

琴叶栎: TX（东部）、OK（东部）。

马州栎: OK、TX（东部）。

沼生栗栎: TX（东部）、OK（东部）。

黄坚果栎: TX、OK、NM（东部）。

墨西哥蓝栎: NM、AZ（南部）。

砂纸栎: NM、AZ（南部）、TX（西部）。

罗布斯塔栎: TX（西部，稀少）。

网叶栎: TX（西部）、NM（西南部）、AZ（南部）。

维西栎: TX(中部、西部)。

小树

阿霍山栎: AZ(南部)。

亚利桑那白栎: NM、AZ、TX(西部)。

奇索斯栎: TX(西部, 稀少)。

奇瓦瓦栎: TX(西部, 稀少)。

戴维斯山栎: TX(西部, 稀少)。

艾氏栎: NM、AZ、TX(西部)。

高原栎: TX、OK(南部)。

哈弗德栎: TX(西北部)、OK(西部)、NM(东部)。

欣克利栎: TX(西部)。

银叶栎: AZ(东南部)、NM(西南部)、TX(西部, 稀少)。

灰白栎: TX(东部)、OK(东部, 稀少)。

侏儒栎: TX(西部)。

蕾西栎: TX(中部、西部)。

沙生星毛栎: OK、TX(东部)。

摩尔栎: TX(西部)、OK(西部)、NM(东部)。

邓恩栎: AZ、NM(西南部)。

矮锥栎: OK。

晚叶栎: TX(西部, 稀少)。

图米栎: NM(西南部)、AZ(南部)、TX(西部, 稀少)。

灌木栎: NM、AZ、TX(西部, 稀少)。

矮丛栎: NM(西北部)、AZ(北部)。

中西部地区:

西弗吉尼亚州(WV)、肯塔基州(KY)、田纳西州(TN)、密苏里州(MO)、阿肯色州(AR)、俄亥俄州(OH)、印第安纳州(IN)、伊利诺伊州(IL)、艾奥瓦州(IA)

大树

槭叶栎: AR（西部，稀少）。

美国白栎: WV、KY、TN、MO、AR、OH、IN、IL、IA。

阿肯色栎: AR（西南部，稀少）。

北方针叶栎: IA、OH（北部）、IN（北部）、IL（北部）。

南方红栎: WV、KY、TN、MO（南部）、IN（南部）、IL（南部）、OH（南部，稀少）。

达灵顿栎: AR（极南部）。

卵石栎: WV、KY、TN、MO、AR、OH、IN、IL、IA（南部）。

桂叶栎: AR、TN（中南部）。

大果栎: WV、KY、MO、AR、OH、IN、IL、IA、TN（西部）。

蒙大拿栎: WV、KY、TN、OH、IN（南部）、IL（南部，稀少）、MO（东南部）。

水栎: TN、KY（稀少）、MO（东南部）。

鱼骨栎: AR、TN、MO（东南部）、KY（西部）、IL（南部）、IN（南部，稀少）。

沼生栎: WV、KY、TN、MO、AR、OH、IN、IL、IA（南部）。

柳叶栎: KY、TN、AR、MO（东南部）、IL（南部，稀少）。

红槲栎: WV、KY、TN、MO、AR、OH、IN、IL、IA。

舒马栎: KY、TN、MO、AR、OH、IN、IL、WV（稀少）。

杂种栎: AR（南部，稀少）。

星毛栎: WV、KY、TN、MO、AR、OH（南部）、IN（南部）、IL（南部）、IA（南部）。

得克萨斯红栎: AR、TN（西部）、KY（西部，稀少）、IL（南部）、MO（东南部）。

美国绒毛栎: WV、KY、TN、MO、AR、OH、IN、IL、IA。

弗吉尼亚栎: TN（东南部，稀少）。

中型树

峭壁栎: AR(东南部, 稀少)。

双色栎: WV、KY、TN、MO、IN、IL、IA。

猩红栎: WV、KY、TN、MO、OH、IN、IL、AR(东部)。

琴叶栎: KY、TN、AR、MO(东南部)、IL(南部)、IN(南部, 稀少)。

马州栎: WV、KY、TN、MO、AR、IL、IN(南部)、IA(南部)、OH(南部,
　　稀少)。

沼生栗栎: KY、TN、AR、MO(东南部)、IL(南部)、IN(南部)。

黄坚果栎: WV、KY、TN、MO、AR、OH、IN、IL、IA。

小树

熊栎: WV(东部)。

灰白栎: AR(东南部)。

矮锥栎: TN、MO、IA(南部)、KY(稀少)、IN(稀少)。

平原州:

堪萨斯州(KS)、内布拉斯加州(NE)、南达科他州(SD)、
北达科他州(ND)

大树

美国白栎: KS(东部)。

北方针叶栎: ND(极东部)。

卵石栎: KS(极东部)。

大果栎: KS、NE、SD、ND。

沼生栎: KS(东部)。

红槲栎: KS(东部)、NE(东部)。

舒马栎: KS(东部)、NE(东南部, 稀少)。

星毛栎: KS(东部)、NE(东南部)。

美国绒毛栎: KS(东部)、NE(东南部)。

中型树

双色栎: NE(东部, 稀少)。

深裂叶栎: NE(稀少)。

马州栎: KS(东部)、NE(东南部, 稀少)。

黄坚果栎: KS(东部)、NE(东南部)。

小树

哈弗德栎: NE(南部, 稀少)。

矮锥栎: KS(东部)、NE(东南部, 稀少)。

中西部的上部地区:

密歇根州(MI)、威斯康星州(WI)、明尼苏达州(MN)

大树

美国白栎: MI、WI、MN。

北方针叶栎: MI、WI、MN。

卵石栎: MI(南部)。

大果栎: MI、WI、MN。

蒙大拿栎: MI(东南部)。

沼生栎: MI(南部)、WI(稀少)。

红槲栎: MI、WI、MN。

舒马栎: MI(南部, 稀少)。

美国绒毛栎: MI、WI、MN(东部)。

中型树

猩红栎: WI(南部)。

黄坚果栎: MI(南部)、WI(南部, 稀少)。

小树

矮锥栎: MI（南部）。

落基山脉地区：

蒙大拿州（MT）、爱达荷州（ID）、怀俄明州（WY）、
科罗拉多州（CO）、犹他州（UT）

大树

大果栎: WY（东北部）、MT（东南部, 稀少）。

中型树

深裂叶栎: CO、UT、WY（南部）、ID（南部, 稀少）。
灰栎: CO（南部）。

小树

灌木栎: CO、UT。
矮丛栎: CO（西部）、UT（东南部）。

西南加利福尼亚地区：

加利福尼亚州（CA）、内华达州（NV）

大树

加州栎: CA。
山谷白栎: CA。
岛屿栎: CA（西南部, 稀少）。
内陆栎: CA。

中型树

金杯栎: CA、NV（西部）。

蓝栎: CA。

深裂叶栎: NV（南部）。

俄勒冈栎: CA。

加利福尼亚黑栎: CA。

小树

加利福尼亚矮栎: CA。

塞德罗斯岛栎: CA（南部, 稀少）。

灌丛栎: CA（南部）。

海岸矮栎: CA。

皮革栎: CA。

英格曼栎: CA（南部, 稀少）。

塔克栎: CA（南部）。

太平洋栎: CA（西南部, 稀少）。

邓恩栎: CA（中部、南部）。

圣克鲁斯岛栎: CA（沿海）。

灌木栎: NV（南部）、CA（西南部, 稀少）。

越橘栎: CA、NV（西部）。

太平洋西北地区:

华盛顿州（WA）、俄勒冈州（OR）和加利福尼亚州（CA）北部

大树

加州栎: CA。

山谷白栎: CA。

内陆栎: CA。

中型树

金杯栎: CA、OR（西南部）。

蓝栎: CA。

俄勒冈栎: CA、OR（西部）、WA（西部）。

加利福尼亚黑栎: CA、OR（西南部）。

小树

加利福尼亚矮栎: CA。

海岸矮栎: CA。

皮革栎: CA。

圣克鲁斯岛栎: CA（沿海）。

萨德勒栎: CA、OR（西南部）。

越橘栎: CA、OR（西南部）。

索　引

S

图书在版编目(CIP)数据

橡树的一年:北美本土物种的自然观察/(美)道格拉斯·塔拉米(Douglas Tallamy)著;宋以刚译.北京:商务印书馆,2025.--(自然观察丛书).

ISBN 978-7-100-24963-8

Ⅰ. S792.18-49

中国国家版本馆 CIP 数据核字第 20256ZQ115 号

自然观察丛书

橡树的一年

北美本土物种的自然观察

〔美〕道格拉斯·塔拉米 著

宋以刚 译

商 务 印 书 馆 出 版
(北京王府井大街 36 号 邮政编码 100710)
商 务 印 书 馆 发 行
北京新华印刷有限公司印刷
ISBN 978-7-100-24963-8

2025 年 5 月第 1 版   开本 880×1230 1/32
2025 年 5 月北京第 1 次印刷   印张 7¾
定价:68.00 元